Helge Matthiesen (Text)
Dr. Paul Wolff & Alfred Tritschler (Fotografien)

Nordrhein-Westfalen
Aufbruch ins Wirtschaftswunder

Greven Verlag

Freibad
Merkstein

Auf dem Sprung in eine Zukunft mit mehr Freizeit:
Schwimmbad in der Broicher Siedlung, Alsdorf 1959.

Eine Bildergeschichte Nordrhein-Westfalens

In der ersten Hälfte des 20. Jahrhunderts zählten sie zu den berühmtesten Fotografen Deutschlands: Dr. Paul Wolff (1887–1951) und Alfred Tritschler (1905–1970). Mit ihren technisch und ästhetisch erstklassigen Aufnahmen setzten die beiden Fotografen Maßstäbe und waren auch kommerziell überaus erfolgreich. Ihre Mitte der 1920er-Jahre in Frankfurt am Main gegründete Fotoagentur arbeitete im Auftrag von Unternehmen, Kommunen und Kulturinstitutionen, die Bilder für Bücher, Broschüren, Festschriften oder Werbung benötigten, aber auch für Zeitungen und Magazine.

Für Dr. Paul Wolff und Alfred Tritschler war das heutige Nordrhein-Westfalen von Anfang an ein wichtiges Arbeitsumfeld. Im Lauf von vier Jahrzehnten entstanden hier rund 50 000 Aufnahmen, die Industrieunternehmen und Landschaften zeigen, aber auch Kunst und Architektur sowie Leben und Alltag der Menschen – von der späten Weimarer Republik über den Nationalsozialismus und den Krieg bis in die junge Bundesrepublik.

Die meisten Aufnahmen der Fotoagentur stammen aus der Zeit nach der Gründung des Bundeslandes 1946. Es sind Bilder, die den Weg in die Konsum- und Wohlstandsgesellschaft der Nachkriegsjahre deutlich machen. Sie erklären nicht zuletzt, was der Schlüssel zum Erfolg Nordrhein-Westfalens war: Arbeit und eine Politik nah an den elementaren Bedürfnissen der Menschen. Dieses Buch zeigt eine Auswahl der Fotos von Dr. Paul Wolff und Alfred Tritschler, die erhalten sind und mit Nordrhein-Westfalen in Verbindung stehen. Ihr hoher ästhetischer Reiz, ihre herausragende Qualität und die Geschichten, die sie erzählen, vermitteln bis heute ein dichtes Bild der Anfänge des Bundeslandes.

Die Fotografien sind Quellen. Wie alle historischen Quellen sind sie mit kritischer Distanz zu betrachten. Weil es sich in der Regel um Auftragsarbeiten für einen bestimmten Kontext handelte, muss dieser immer mitgedacht werden. Zu bedenken ist auch die Inszenierung der Bildmotive: Die beiden Fotografen setzten die Idee ihrer Auftraggeber um, die einen bestimmten Zweck verfolgten. Um ein klar umrissenes Bild zu zeichnen, stellten Wolff und Tritschler häufig ideale Situationen nach, die zwar dem Alltag nahekamen, ihn jedoch nicht dokumentarisch genau abbildeten. Doch sind die Fotos bedeutende Belege für längst verschwundene Firmen, Tätigkeiten, Maschinen und Berufe. Das macht ihren Wert aus. So war zum Beispiel die Textilindustrie einst der zweitwichtigste Wirtschaftszweig Nordrhein-Westfalens. Inzwischen ist sie fast verschwunden, lebt aber in den Bildern von Wolff und Tritschler detailreich fort.

Die Bilder der beiden Fotografen prägten die Sicht der Zeitgenossen auf ihre eigene Gegenwart, und sie fangen den Zeitgeist ein. Sie zeigen, was die Menschen beschäftigte: ihre Vorstellung von einem guten Leben, ihre Träume von Wohnen und Leben. Sie spiegeln politische Zwänge und Opportunismus wider und zeigen vor allem das Arbeitsleben, das Möglichkeiten eröffnete und begrenzte. Das Werk von Wolff und Tritschler vermittelt eindrucksvoll einen zentralen Aspekt der Vorgeschichte und der Geschichte des Bundeslandes – Nordrhein-Westfalens Aufbruch ins Wirtschaftswunder.

Schaufenster voll schöner Dinge und Lichtreklame wie früher in Berlin: Straßenszene aus Düsseldorf in den 1950er-Jahren.

CREME HOUS
METRO GOLDWYN
CINZANO
TEPPICHHAUS SC
FLIES

Georgsgasse

Der Kurpark in Bad Oeynhausen 1934.

St. Martini in Emmerich am Niederrhein im Sommer 1939. Fünf Jahre später im Krieg schwer zerstört, wurde die Kirche 1964 wiederaufgebaut.

Einkaufen ohne Supermarkt: Gemüsehändler auf dem Vreithof in Soest 1968.

Eisessen mit Domblick auf
den Sünner-Terrassen
in Köln-Deutz im Mai 1953.

Burg Gemen in Borken 1968.

Die wiederaufgebaute Möhnetalsperre als Ziel für
Ausflüge im Sommer 1968.

SHE
KP 62

Das Werther Tor in Bad Münstereifel 1964 –
noch frei für den Autoverkehr.

Der Toelleturm in Wuppertal kurz nach seiner Wiedereröffnung 1951.

Der Duisburger Innenhafen mit der Schwanentorbrücke im Sommer 1955.

Der Aachener Domhof im Sommer 1952.

St. Dionysius in Krefeld kurz vor Beginn
des Zweiten Weltkriegs, der die Kirche schwer
in Mitleidenschaft zog.

Die wiederaufgebaute Altstadt in Düsseldorf im Sommer 1968
mit der nostalgisch anmutenden Schneider-Wibbel-Gasse.

DIE GOLDENE WELT
Im häuschen
11 13 15 18 21
SCHNEIDER WIBBEL STUBEN
Restaurant
KINO PROJEKTION
DEICHMANN

Der Reichsarbeitsdienst macht Pause
an den Externsteinen bei Horn-Bad Meinberg
im Sommer 1934.

Die Porta Westfalica mit dem Kaiser-Wilhelm-Denkmal 1934.

Ländliche Kultur kommt ins Museum: das Mühlenhof-Freilichtmuseum in Münster 1968.

Die Fotografen

Dr. Paul Wolff und Alfred Tritschler waren Stars in ihrer Zeit. Der 1887 im elsässischen Mülhausen geborene Wolff begann seine Karriere als Fotograf schon im ausgehenden Kaiserreich. Sein jüngerer Partner, der 1905 in Offenburg geborene Alfred Tritschler, trat 1927 in das florierende Unternehmen ein und brachte die kleine und handliche Leica mit, die das Unternehmen Ernst Leitz in Wetzlar kurz zuvor entwickelt hatte. Zwar kannte Wolff das Gerät bereits, denn er hatte ein Exemplar der ungewöhnlichen Kamera bei einer Fotoausstellung gewonnen, doch konnte er noch nicht viel damit anfangen.

Gemeinsam entwickelten Wolff und Tritschler mit dieser neuen Kamera eine eigene fotografische Handschrift, und schon bald war ihre Fotoagentur der führende Anbieter für Industrie- und Firmenfotografie. Wer als Unternehmer in den 1930er- bis 1960er-Jahren hochklassige Aufnahmen der Arbeit in Werkhallen oder an Hochöfen, in Färbereien, Laboren oder Nähereien benötigte, der klopfte bei der Firma Dr. Paul Wolff & Tritschler in Frankfurt an. International bekannt wurde die Agentur, weil Wolff ein Buch über die Kleinbildfotografie schrieb, das sehr populär wurde. *Meine Erfahrungen mit der Leica* erschien erstmals 1934, wurde in viele Sprachen übersetzt und in immer neuen Auflagen weltweit gelesen – ob in den USA oder in Japan. Wolff hielt Vorträge, warb für die Leica und machte sie auch für ambitionierte Laien zugänglich.

Der Agenturgründer hatte bereits als Schüler mit einer Plattenkamera fotografiert und Bilder veröffentlicht. Wolffs erste bekannte Arbeiten sind naturkundliche Aufnahmen und romantische Stadtansichten. Die Motive fand er vor allem in der elsässischen Metropole Straßburg. Auf Wunsch seines Vaters begann er ein Medizinstudium, das er mit einer Promotion abschloss. Nach dem Ende des Ersten Weltkriegs, den er als Arzt an der Front erlebte, musste Wolff das Elsass verlassen, das jetzt zu Frankreich gehörte. Für einen Berufsstart als Mediziner in Frankfurt am Main, wo er sich ansiedelte, fehlte das Geld. Stattdessen widmete er sich dem immer noch neuen Medium Fotografie und bald auch dem Film.

Als Fotograf blieb Paul Wolff Autodidakt, eine entsprechende Ausbildung mit einem Abschluss machte er nie. Doch brachte der vielseitig interessierte Arzt Ehrgeiz, Fleiß, Freude am Umgang mit der Technik und einen Blick für Motive und Lichtverhältnisse mit. Wie kaum ein anderer Zeitgenosse verstand er es, im richtigen Moment auf den Auslöser zu drücken. Sein Geld verdiente er zeitweise in einer Frankfurter Filmkopieranstalt. Hier erlangte er genug Wissen, um anschließend selbst mit der Filmkamera zu arbeiten. Was er beim Fotografieren gelernt hatte, setzte er im Film um. Das machte ihn rasch zu einem gefragten Produzenten von Industrie- und Dokumentarfilmen. Seine Spezialität und wohl eine Art Erfindung waren kurze Lehrfilme, die Arbeitsprozesse in kleine und nachvollziehbare Schritte zerlegten. Diese besondere didaktische Sichtweise war später auch Grundlage der Fotoserien, die in großen Industriebetrieben entstanden.

Der Name Dr. Paul Wolff wurde zur Marke, denn der Fotograf war auch ein sehr geschickter Geschäftsmann, der die wachsende Nachfrage nach Bildern zu bedienen wusste. Inzwischen ließen sich Fotos einfacher drucken, und der Film trat seinen Siegeszug an. Weil Wolffs Agentur rasch wuchs, kam Alfred Tritschler ins Spiel: 1927 suchte Wolff einen

Dr. Paul Wolff mit seiner Leica-Kamera.

Alfred Tritschler, ebenfalls mit einer Leica.

Fotografen, den er anstellen wollte, und der erst 22 Jahre alte Tritschler brachte mit, was Wolff fehlte: eine Fotografenlehre und eine Ausbildung an der Höheren Fachschule für Phototechnik in München. Außerdem hatte Tritschler bereits bei der noch jungen UFA in Babelsberg mit der Filmkamera gearbeitet, und er kannte die 1925 auf den Markt gekommene Leica, die bei Wolff noch im Schrank lag.

Das Fotografieren mit Kleinbildfilmen galt als den herkömmlichen Plattenkameras technisch noch unterlegen. Noch fehlte es an Möglichkeiten, um aus kleinen Negativen große Abzüge zu machen. Der Einsatz der handlichen und lichtstarken Kamera revolutionierte dennoch die Fotografie, weil damit Reportagen viel leichter möglich waren. Man konnte näher an die Motive herangehen, sie quasi direkt begleiten, Bewegung und Dynamik einfangen, ungewöhnliche Perspektiven einnehmen und an schwer zugänglichen Orten Fotos machen. Die Leica bot die perfekten Voraussetzungen, um spannungsreiche Bilder zu komponieren, die voller Überraschung und Dynamik steckten.

Alfred Tritschler war der ideale Mann für den Einsatz dieser Kamera: Er war jung, sportlich, sah gut aus, ging mit der sich rasch wandelnden Technik sicher um – und war ein sehr guter Fotograf. Nachdem er anfangs nur angestellt war, machte Wolff ihn 1934 zum Partner, und die wachsende Fotoagentur, die inzwischen Dutzende Angestellte beschäftigte, firmierte jetzt unter dem Namen Dr. Paul Wolff & Tritschler. Bei diesem Unternehmensnamen blieb es auch nach dem Tod von Wolff 1951. Alfred Tritschler führte die Agentur zunächst allein fort. 1963 gab er die Geschäftsführung ab, blieb der Firma aber als freier Mitarbeiter bis zu seinem Tod 1970 verbunden.

Die Agentur Paul Wolff und Alfred Tritschler prägten mit ihrer Agentur das bis heute fortwirkende Bild der 1920er- und 1930er-Jahre mit der Begeisterung für technischen Fortschritt, den neuen Vorstellungen von einem guten Leben, von neuem Bauen und Arbeiten, der Freude an Sport, Reisen, Freizeit, Film und Tempo. Gleichzeitig bildeten die beiden Fotografen auch den Gegenpol ab: die Sehnsucht nach Helden, nach dem romantischen Gestern in Landschaften und Städten. Die Bilder strahlen die Lebensfreude der beiden Fotografen aus, die sich voller Enthusiasmus in ihre attraktiven Projekte stürzten: Wolff

Arbeit im Fotolabor der Agentur: Nach der Entwicklung der Negative und der Papierbilder wurde das Material gesichtet und nachbearbeitet.

Selbstinszenierung: Alfred Tritschler in modischen Knickerbocker-Hosen 1929.

Paul Wolff fotografiert 1932 in Völklingen an der Saar. Der skeptische Blick des Arbeiters war typisch, denn Wolff inszenierte die Aufnahmen oft entgegen dem Bild, das die Arbeiter selbst von ihrer Arbeitswelt hatten.

Alfred Tritschler 1929 im Fotolabor der Agentur. Die beschäftigte eine stetig wachsende Zahl von Mitarbeiterinnen und Mitarbeitern.

IT-70375

Fahrt ins Münsterland mit dem Cabrio 1934.
Für ihre Bildserien über Landschaften nahmen die Fotografen gern hübsche Modelle mit.

fuhr mit dem Auto durch die Landschaften und machte Aufnahmen von den schönsten Orten des Landes. Man war auch in Griechenland oder Italien unterwegs. Meist war eine hübsche Frau mit dabei, denn Bilder, die sich an Magazine, Buchverlage oder Tourismusbüros verkaufen ließen, verlangten attraktive Darstellerinnen und Darsteller in schönen Kleidern und vor glänzenden Fahrzeugen.

Tritschler begleitete die hochmodernen Ozeandampfer des Norddeutschen Lloyd auf Nordatlantikfahrt und zeigte, wie schön Seereisen sind. Er fotografierte seine Frau auf den Kanarischen Inseln am Strand. Man war auf Sylt, auf Norderney, in beinahe allen deutschen Kurorten und natürlich zum Skilaufen in der Schweiz. Überall war die Kamera mit dabei, selbst auf den privaten Reisen. Auch bei den spektakulären Flügen der Luftschiffe flogen die Fotografen mit. Neue Helden wie die Luftschiffpioniere Hugo Eckener oder Ernst August Lehmann rückten wirkungsvoll ins Bild, wenn sie es schafften, spektakulär die Ozeane mit ihren gewaltigen Fluggeräten zu überqueren.

Das Brot- und Buttergeschäft der Agentur waren jedoch die Industriefotos. Namhafte Firmen begannen, sich die Dienste der Fotografen zu sichern, um ihre Produktion und ihre Produkte modern zu präsentieren. Werbung wurde immer wichtiger. Das Geschäft mit der Industriefotografie nahm Fahrt auf. Selbst die Wirtschaftskrise Anfang der 1930er-Jahre bremste diesen Aufschwung kaum. Die Bilder vermitteln eine Leichtigkeit, die niemand in diesen Jahren vermuten würde, die aus heutiger Sicht von Krisen und dem heraufziehenden Verhängnis der NS-Herrschaft dominiert waren.

Paul Wolff und Alfred Tritschler betrieben einen enormen Aufwand für diese Fotoserien. In den Maschinenhallen und Werkstätten war es oft zu dunkel für gute Bilder. Also schleppten sie zum Teil gewaltige Mengen Ausrüstung an – Lampen, Kabel, Leitern, Generatoren, Stative –, um ihre Motive, deren Anordnung manchmal an Gemälde erinnert, wirkungsvoll in Szene zu setzen. Die Aufnahmen waren auch in anderer Hinsicht immer Inszenierungen: An den Maschinen oder in den Packereien standen markante Typen, aber nicht unbedingt diejenigen, die dort normalerweise arbeiteten. Die Säle voller Näherinnen zeigten nur die hübschesten Mitarbeiterinnen in der allerbesten und saubersten Arbeitskleidung. Alles war aufgeräumt und makellos. Die Lichtführung blieb selbst in schwierigen Situationen immer perfekt. Kein Blitz warf Schlagschatten, die Gesichter waren gut zu erkennen und oft indirekt beleuchtet.

Wolff und Tritschler folgten immer einem ähnlichen Drehbuch: Sie zerlegten die Arbeitsprozesse in einzelne Schritte – von der Rohstoffanlieferung bis zur Abholung des fertigen Produkts durch einen Transporter an der Laderampe. Sie zeigten die Chefbüros und die Sitzungsräume mit den dazugehörigen Menschen. Manche Unternehmer präsentierten sich auch zu Hause mit der Familie. Immer machten sie Nahaufnahmen – ob bei der Arbeit im Labor oder an gewaltigen Maschinen – und demonstrierten damit die hohe Präzision der Beschäftigten und ihren Ehrgeiz, Qualität zu liefern. Es gibt oft Bilder von der Lehrlingsausbildung oder Aufnahmen von Sozialräumen und Kantinen. Und nie fehlt der Blick auf das Große und Ganze, vergleichbar der Totale im Film: Fabrikhallen geraten zu monumentalen Bauten, die Menschen verschwinden klein und als Beiwerk hinter gewaltigen Maschinenteilen und Anlagen. Manchmal verschwindet auch die Fabrik in einer Landschaft.

Die Perspektiven sind vielfältig. Die Fotografen klettern auf Gerüste, Türme, Dächer, Hochöfen, sie schauen aus Fenstern und Dachluken oder gehen in die Froschperspektive. Jedes Bild ist bewusst komponiert und auf Wirkung ausgerichtet: Stahlrohre laufen auf einen Fluchtpunkt zu, wo Menschen scheinbar bei der Arbeit sind; Maschinensäle sind die geometrisch gegliederte Kulisse für Mitarbeiter, die so tun, als beaufsichtigten sie das Werk. Bei Nachtaufnahmen von außen sind alle Räume der Gebäude hell erleuchtet. Das ist immer sehr sachlich gehalten, folgt den modernen Sehgewohnheiten der 1920er- und 1930er-Jahre, hat Anklänge an den Stil der Neuen Sachlichkeit und bleibt doch immer eine ganz eigene fotografische Handschrift.

Ein zweites Standbein der Agentur bildeten die Bilder von Städten, Landschaften und Sehenswürdigkeiten, die häufig zu kleinen Bildbänden verarbeitet wurden. Wolff und Tritschler hatten eigentlich so ziemlich alles im Angebot, was Deutschland diesbezüglich zu bieten hatte. Verschiedene Verlage brachten immer neue Bücher über lohnende Reiseziele heraus, teils in Serien, und benötigten dafür ständig Nachschub. Dieses Geschäft setzte fort, was Paul Wolff ganz am Anfang seiner Karriere mit seinen romantischen Ansichten von Straßburg begonnen hatte. Die Fotografen reisten deshalb immer wieder zu den schönsten Orten des Landes und schufen ganze Bildserien über Landschaften – gern als „Autowanderung" dargestellt, was damals sehr modern war.

Für die Agentur waren zudem Bilder wichtig, die man heute Stockfotos nennt: allgemein einsetzbare Illustrationen für Werbung oder Zeitschriften. Dabei ging es um Wandern in den Dünen, Skilaufen, Pflanzen oder Tiere, Menschen am Strand, um Reisen mit der Bahn oder mit dem Auto, um flatternde Fahnen, fliegende Wasserbälle oder tanzende Frauen unter Bäumen. Das Angebot war breit, denn die Kontexte entstanden erst in der Zusammenarbeit mit Redaktionen und Verlagen.

Reportagebilder, nicht inszenierte Fotos, sind hingegen selten. Sie entstanden oft nur als Nebenprodukte, weil irgendetwas auf der Straße die Aufmerksamkeit der Fotografen erregt hatte. Straßenmusiker in Köln zum Beispiel oder Autos im Schneetreiben in Düsseldorf. Selbst sie sind in der Regel durchkomponiert. Wolff und Tritschler knipsten nicht einfach. Es sind kaum Schnappschüsse zu finden. Die Bilder sind auch nicht sozialkritisch oder hintergründig angelegt. Tiefere Einblicke ergeben sich nur beiläufig. In der Regel bleiben die beiden Fotografen an der schönen Oberfläche, so wie sich das die Auftraggeber wünschten und der Markt es verlangte.

Westfalen vor dem Krieg Paul Wolff reiste in den 1930er-Jahren mehrmals nach Westfalen. Die Region verfügte über eine gewachsene Identität und eignete sich für Bildbände, die unter anderem im Bielefelder Verlag Klasing erschienen. Fotografien aus Westfalen gehörten in das ständige Archiv der Agentur. Die Kurbetriebe in Bad Oeynhausen waren Kunde, ebenso

Vermutlich ein zufälliges Motiv: ein Mädchen auf einem Eselskarren im Münsterland 1934.

Bad Driburg mit seinem Gräflichen Park.

Eine umfangreiche Fotoserie entstand 1934, ihr Schwerpunkt lag auf dem Landleben im Münsterland. Ausflüge nach Höxter, Corvey, Paderborn, Soest und ins Lipperland dienten dazu, schöne touristische Ziele, pittoreske historische Bauten, Menschen in Trachten oder Fachwerk und romantische Winkel aufzunehmen. Aufnahmen aus Appelhülsen und Blankenau zeigen Bauernfamilien, Vieh und Landwirtschaft. Viele niederdeutsche Hallenhäuser neben knorrigen Eichen runden das Angebot ab. In Münster interessierte sich der Fotograf für den Wochenmarkt, auf dem Bauernfamilien verkauften, was der Hof lieferte. Schlachter bieten Fleisch und Wurst an. Alte Frauen in ländlicher Alltagskleidung, geflochtene Körbe, auch lebende Tiere kommen vor. In den Dörfern scheint die Zeit stillzustehen, Kinder treiben Ziegen, Vieh läuft über Weiden, geackert wird mit Pferd und Wagen. Westfalen ist ein ländliches Idyll, so hat es auf diesen Fotos den Anschein. Dieses Bild prägte das Selbstverständnis des Landstrichs und war doch nur die halbe Wahrheit, denn auch Dortmund oder Bochum gehörten zu Westfalen und dort ging es ganz anders zu als auf dem Land. Der Himmel über der Ruhr war notorisch grau und rußig, Landwirtschaft war hier unbedeutend. Westfalen und auch Ostwestfalen verfügten über viele große Textilbetriebe, es gab Holzindustrie, Möbelbau und wachsende Unternehmen wie Miele oder Dr. Oetker.

Auf dem Schulzenhof in Appelhülsen 1934. Ein Kind krabbelt zwischen den Hühnern.

Kartoffelernte mit Pferd und Wagen im Münsterland im Herbst 1934.

Idyllisches Landleben. Ein Landarbeiter mit Ferkel
in Appelhülsen im Münsterland 1934.

Ziegenhüten war oft Aufgabe der Bauernkinder.
Szene in Horn-Bad Meinberg im Sommer 1934.

Ein Bauernhaus in Blankenau mit einem der Fotomodelle, die Paul Wolff meist begleiteten. Sommer 1934.

Schwimmbecken mit Rutsche im Gräflichen Park
in Bad Driburg, August 1938.

Lieferwagen der Firma Bad Driburger Brunnen, 1938.

Wochenmarkt auf dem Domplatz in Münster 1934.

Deutsches Haus
Garage

Schönes altes Fachwerk: der Gasthof „Zur guten Quelle“ in Höxter 1934.

<< Blühende Blumen, glückliche Menschen. Der Kurpark in Bad Oeynhausen im Sommer 1934. Das Bild entstand für die Werbung der Kurbetriebe.

< Werbung für die Sommerfrische. Gestellte Szene im Gasthof „Deutsches Haus“ in Höxter 1934.

Eine Frau in Tracht schenkt an einem Küchenfenster in Schwalenberg Milch aus.
Eine Inszenierung für die Fremdenverkehrswerbung aus dem Sommer 1934.

Paderborner Innenstadt mit Dom 1934.

DIE WARTE
Buchdruckerei
Th. Thiele

Der Chemiker Erich Konrad war ein erfolgreicher Forscher. Hier an seinem Arbeitsplatz bei der IG-Farben in Leverkusen 1938.

Anpassung in der NS-Zeit Die Agentur war Dienstleister. Die Bilder brauchten einen Kontext, um zu wirken. Das wurde nach Machtübernahme der Nationalsozialisten 1933 zu einer offenen Flanke. Denn Joseph Goebbels, oberster Propagandachef der NS-Bewegung und dann des Reichs, hatte klar erkannt, wie sich mit Bildern Politik machen ließ. Er war entschlossen, das populäre Medium in den Dienst seiner Ziele zu stellen. Weder Paul Wolff noch Alfred Tritschler schlossen sich der NSDAP an. Verbands- und Kammermitgliedschaften wie sie obligatorisch wurden, wenn man weiterarbeiten wollte, sind dokumentiert, darüber hinaus jedoch keine politischen Aktivitäten oder Bekenntnisse zur NSDAP – was für die Agentur aber nicht bedeutete, Abstand zu halten.

Die Politik wanderte in die Arbeit ein. Manchmal eher beiläufig: Die Kamera erfasste Hakenkreuzflaggen, die allerorten wehten, oder einen Trupp der Hitlerjugend, der durch die Straße zog. Und bei Aufnahmen der Externsteine bei Horn-Bad Meinberg geriet der Reichsarbeitsdienst ins Bild, der dort im Dienst der NS-Ideologie nach germanischen Kultstätten grub.

Der Wandel betraf vor allem die Industriefotografie. Zwar änderte sich an der Herangehensweise von Wolff und Tritschler wenig – sie dokumentierten die Arbeitswelt weiterhin filmähnlich. Allerdings entstanden jetzt je nach Haltung des Auftraggebers auch Bilder mit sehr starken politischen Bezügen. So war beispielsweise der Chemiekonzern IG-Farben bestrebt, sich in seiner Festschrift zum 75-jährigen Bestehen von Bayer 1938 als mustergültiger und im Sinne der NSDAP moderner Betrieb zu inszenieren. Dementsprechend finden sich Fotos des Chemikers Erich Konrad (1894–1975) an seinem Schreibtisch vor einem großen Gemälde, das Hitler zeigt. Die plakative Inszenierung wirkt heute verstörend und ist selbst im damaligen Kontext ungewöhnlich. Vor Konrad steht eine Skulptur im Stil der NS-Kunst. Das alles ist professionell inszeniert und aufgenommen, wie immer bei Wolff und Tritschler. Das Spiel mit Licht und Schatten sowie der gesamte Kontext strahlen die kühle Präzision einer NS-Ästhetik aus, bis hin zur Frisur des Mannes.

Erich Konrad war Leiter der Anwendungstechnischen Abteilung Kautschuk und hatte neue Verfahren der Produktion von Buna entwickelt, jenem künstlichen Gummi, das in Hitlers Kriegsvorbereitung eine wichtige Rolle spielte. Die Festschrift der IG-Farben legte großen Wert auf das Thema Buna. Dass das Unternehmen später keine Skrupel zeigte, in Auschwitz-Monowitz mit Zwangsarbeit von KZ-Häftlingen ein Werk für die Buna-Produktion zu errichten, scheint schon in diesem Bild auf. Der Porträtierte erhielt übrigens 1950 die Liebig-Denkmünze des Vereins Deutscher Chemiker und ist bis heute Namensgeber einer regelmäßig verliehenen Auszeichnung der Deutschen Kautschuk-Gesellschaft, der Erich-Konrad-Medaille.

Ein weiteres Beispiel sind Fotos aus dem Jahr 1937 für die Kölner Firma Bierbaum-Proenen, die Arbeitskleidung herstellte: In den Nähereien und im Lager sieht es so aus wie in vielen vergleichbaren Firmen. Es herrschen Funktionalität und Ordnung vor. Aber unter die Bilder mischen sich Aufnahmen von einer Übung mit Gasmasken, inszeniert mit den attraktivsten Mitarbeiterinnen der Firma. Solche Proben gehörten zur Kriegsvorbereitung

Mitarbeiter in einer Produktionshalle der Maschinenfabrik Waldrich
in Siegen im Jahr 1938.

Übung für den Luftschutz 1937: Mitarbeiterinnen
der Kölner Firma Bierbaum-Proenen mit Atemschutzmaske.

< Näherinnen der Kölner Firma Bierbaum-Proenen produzieren Arbeitskleidung, 1937.

durch den sogenannten Luftschutz und zeigen das Unternehmen als konform mit den Forderungen von Staat und Partei.

Im November 1938 fotografierte die Agentur im Auftrag der Deutschen Edelstahlwerke die Einweihung einer Betriebssportstätte in Krefeld mit Robert Ley, dem Chef der NS-Organisation Deutsche Arbeitsfront (DAF), und dem Aufmarsch von Parteigliederungen mit Fahnen und Musik. Sport taucht in den Betriebsbildern aus der NS-Zeit auffällig häufig auf: Andere Firmen zeigten ihre Auszubildenden bei Wettkämpfen.

Die Aufnahmen belegen die Durchdringung sämtlicher, auch ziviler Lebensbereiche der Gesellschaft durch die NSDAP. Der Bereich Arbeit war besonders wichtig, denn die Nationalsozialisten wussten, dass die Arbeiter mehrheitlich gegen sie eingestellt waren. Die DAF veranstaltete Wettbewerbe, die mit der Auszeichnung „nationalsozialistischer Musterbetrieb" endeten. Firmen strengten sich an, denn Wohlverhalten wurde belohnt, auch wenn man kein Nationalsozialist war. All das floss in die Bilder ein – viele der Serien sollten genau das dokumentieren. Im „Amt für Schönheit der Arbeit" der DAF in Berlin arbeitete an führender Stelle der Architekt Julius Schulte-Frohlinde, der nach dem Krieg in Düsseldorf eine herausgehobene und umstrittene Rolle spielen sollte.

Die Agentur zeigte jedoch auch keine Berührungsängste, direkt für staatliche Stellen oder Parteigliederungen der NSDAP zu arbeiten. Wolff fotografierte zum Beispiel bei den Olympischen Spielen in Berlin und machte daraus Bücher, die mehrsprachig in alle Welt vertrieben wurden. Man war bei Parteitagen dabei, dokumentierte den Autobahnbau und die Hitlerjugend – immer mit den gewünschten propagandagerechten Fotos. NS-Verlage bestellten für ihre Publikationen Fotos bei Dr. Paul Wolff & Tritschler und bekamen sie auch. Die Agentur beschäftigte viele Mitarbeiter, da war es wichtig, lukrative Aufträge einzuwerben. Man sah sich als Dienstleister und fragte nicht kritisch, wer die Auftraggeber waren, solange sie gut zahlten und das hohe Können der Fotografen wertschätzten. Das war offenbar der Fall.

Der Reichsarbeitsdienst führte 1934 archäologische Ausgrabungen an den Externsteinen durch. Der NS-Staat forschte dort nach germanischen Heiligtümern und Kultstätten.

Am Rhein im Sommer 1939 Der Weltkrieg begann an einem Freitag. Es war der 1. September 1939. Vier Tage zuvor, am 28. August, reisten Alfred Tritschler und Paul Wolff nach Bonn, Köln und Düsseldorf, um ein Projekt abzuschließen, das schon im Frühsommer begonnen hatte. Die Agentur füllte regelmäßig ihren Bestand an Motiven auf, die immer wieder gebraucht wurden. Dazu zählte der Rhein vom Bodensee bis zur niederländischen Grenze, denn Rheinromantik funktionierte immer – in Magazinen, in Büchern, in der Fremdenverkehrswerbung.

Die Aufnahmen dieser Reise zeigen vordergründig ein Land im Frieden. Der 27. August war ein Sonntag, der vorletzte in den Ferien und für viele Rheinländer der Tag, an dem der Sommerurlaub endete. Der Kolumnist der Kölner Morgenzeitung *Der Neue Tag* philosophierte über die vielen braungebrannten Menschen, die ihm in der Stadt begegnet waren. Doch berichteten die Zeitungen im Rheinland auch über die neue Bezugsscheinpflicht, die am 28. August eingeführt wurde. Ab sofort waren bestimmte Güter des täglichen Bedarfs nicht mehr unbeschränkt käuflich: Seife, Kohle, Schuhe, Kleider, Speisefette, Milchprodukte, Benzin. Das war ein heftiger Einschnitt im Alltag der Menschen. „Kein Grund zu irgendeiner Beunruhigung“, hieß es im *General-Anzeiger* in Bonn. Die wesentlichen Nahrungsmittel gab es immerhin noch ohne Bezugsschein. Doch alle erinnerten sich an den Ersten Weltkrieg mit seinen Hungermonaten. Die Menschen waren höchst beunruhigt.

Die Partei versuchte, die Befürchtungen zu zerstreuen. Dabei gab es weitere alarmierende Meldungen: Der Postverkehr zu den vielen jungen Männern, die bereits zur Wehrmacht eingezogen worden waren, wurde unterbrochen. Die Züge ab Köln, vor allem Richtung Westen, fuhren seit Tagen nur noch unregelmäßig. Die Kölner Behörden gingen außerdem gegen das Gerücht vor, die Rheindampfer würden nicht mehr fahren. Man komme ohne Weiteres nach Düsseldorf, Koblenz und Mainz, beruhigte *Der Neue Tag*.

In Bonn endete am 28. August ein großes Lager von rund 2000 Jugendlichen, die für acht Monate ins Rheinland eingezogen worden waren. „Freude, Zucht, Glaube“ lautete das Motto, und die Stadt hatte sich aus diesem Anlass mit zahlreichen Hakenkreuzfahnen an Straßen und Gebäuden herausgeputzt. Die Teilnehmer kamen aus ganz Deutschland und waren zuvor in 36 Lagern überall in der „Westmark“, wie die Nazis sagten, eingesetzt worden, um bei der Ernte zu helfen. Verdunkelungs- und Luftschutzübungen beunruhigten die Menschen. Die Lagerteilnehmer liefen nachts durch die finsteren Straßen und kontrollierten, ob auch alle „Volksgenossen“ mitzogen. Verweigerern drohten schwere Strafen.

Die Normalität in Bonn, Köln, Düsseldorf und bei Emmerich und Rees, die Wolff und Tritschler mit ihren Fotos suggerierten, war bereits von höchster Anspannung und Unruhe geprägt. Nur scheinbar fuhren die Dampfkähne auf dem Rhein so wie immer, weideten Pferde und Kühe vor friedlichen Stadtpanoramen am Niederrhein. Jedem einigermaßen aufmerksamen Menschen war klar, was in der Luft lag. Schon im Frühjahr war Tschechien annektiert worden. Jeder konnte wissen, dass es jetzt um Polen gehen würde. Alle Seiten mobilisierten ihre Truppen. Es blieb nur die Hoffnung, dass Hitler seine Ziele wieder einmal ohne Kämpfe erreichen würde. Von Kriegsbegeisterung konnte keine Rede sein. Im

Auf der Rheinfähre nach Rees Mitte August 1939.

Gegenteil. Man nahm den Lauf der Dinge hin, bereitete sich widerwillig vor und lenkte sich ab. Die Terrasse des Grandhotels Petersberg bei Königswinter war ein letztes Mal für viele Jahre voll besetzt mit Gästen. Am 1. September schloss das Haus.

Es war schwül und warm in diesen Tagen. Die Temperaturen kletterten auf 24 und auf 27 Grad. Immer wieder gab es Gewitter. Ein paar Bilder zeigen Badegäste im Volksbad am Rheinufer in Düsseldorf-Oberkassel. Vor der Kulisse des Siebengebirges laden Bauern Garben auf den Wagen. Im Hintergrund stehen die Gewitterwolken am Himmel. Die Alte Rheinbrücke in Bonn war ein dankbares Motiv, ebenso das Spiel von Licht und Schatten mit den fahrenden Autos auf der Hohenzollernbrücke in Köln, der Blick von den Domtürmen in die Schluchten der verwinkelten Kölner Altstadt. All das war sechs Jahre später nur noch ein Trümmerhaufen, und die Brücken lagen gesprengt im Rhein. Die Romantik, die Wolff und Tritschler über Jahre auf ihren Bildern kultiviert hatten, die sie in ihrem Archiv immer parat und aktuell hielten, kam ein letztes Mal vor die Kamera. Dann gab es sie nicht mehr.

Letzte Kaffeetafel Ende August 1939 vor der kriegsbedingten Schließung bis 1954: die Sommerterrasse des Kurhotels Petersberg bei Königswinter.

Rheinfähre von Königswinter nach Mehlem wenige Tage vor Kriegsbeginn 1939.

Ernte unter Gewitterwolken Ende August 1939 bei Königswinter.

Ernte in der Nähe von Bonn
Ende August 1939.

Barocke Pracht: Schloss Augustusburg
bei Brühl am 28. August 1939.

Vor dem Domportal in Köln Ende August 1939.

Letzte Dampferfahrten auf dem Rhein,
dann begann der Krieg. Köln am 28. August 1939.

Verkehr auf der Kölner Hohenzollernbrücke,
28. August 1939.

Blick vom Dom über
die Hohenzollernbrücke nach Deutz
am 28. August 1939.
Links das neue Messegelände.

Sommer in Düsseldorf auf der Königsallee oder im Volksbad Oberkassel. Die Tage vor Kriegsbeginn 1939 waren sonnig und warm.

Industrieort mit langer Geschichte: die Schifferbörse in Duisburg Mitte August 1939.

An der Rheinbrücke bei Duisburg warten kleine Dampfer auf ihren Einsatz im Hafen, August 1939.

Rheinpanorama mit Industrieanlagen bei Duisburg, August 1939.

Der Kreuzgang des Doms St. Viktor in Xanten Mitte August 1939.
1945 komplett zerstört, wurde er bis 1960 originalgetreu wiederaufgebaut.

Die Kriemhildmühle in Xanten
und eine marschierende HJ-Gruppe,
14. August 1939.

Marktplatz in Kalkar, August 1939.

Die Schwanenburg in Kleve im August 1939 vor der Zerstörung bei den Kämpfen um den Niederrhein 1945.

Devotionalienhandel auf dem Kapellenplatz
im Wallfahrtsort Kevelaer, August 1939.

Der Niederrhein bei Rees mit malerischem Pferdekarren im August 1939.

Zerstörung des Archivs Der Krieg hatte auch Konsequenzen für die Agentur. Mit Kriegsbeginn 1939 änderte sich die Arbeitsgrundlage. Alfred Tritschler wurde 1941 eingezogen. Als Bildberichterstatter in einer Propagandaeinheit der Wehrmacht machte er an vielen Kriegsschauplätzen Europas und Afrikas Bilder – auch diese waren zumeist inszeniert. Einzelne Bilder wurden in den offiziellen Zeitschriften des NS-Regimes im In- und Ausland veröffentlicht, unter anderem in *Signal*, das in mehr als 20 Sprachen erschien.

Paul Wolff blieb in Frankfurt zurück und arbeitete weiter an den verbliebenen Aufträgen aus der freien Wirtschaft. Außerdem fotografierte er für ein Programm, das gefährdete Wand- und Deckenmalereien und Innenräume historischer Gebäude dokumentierte. Die Bombardements deutscher Städte hatten begonnen und zerstörten immer mehr dieser Kunstwerke unwiederbringlich. Hitler und Goebbels wollten sie wenigstens fotografisch erhalten. Ein weiterer Auftrag im Dienst des NS-Staats waren Bilder von Rüstungsbetrieben, für die Wolff durch ganz Europa reiste.

Im März 1944 zerstörte ein Luftangriff auf Frankfurt den Firmensitz, wesentliche Teile des Plattenarchivs und das Wohnhaus von Paul Wolff. Alfred Tritschlers Frau, die oft als Modell auf Bildern zu sehen ist, kam bei einem weiteren Angriff ums Leben. Der Neubeginn der Agentur nach dem Krieg war mühsam und fand in Braunfels an der Lahn statt, wo die Reste der Firma und die Inhaber Unterkunft fanden. Grundlage waren die Kleinbildnegative, die man rechtzeitig aus Frankfurt ausgelagert hatte. Wieder lieferten Paul Wolff und Alfred Tritschler Fotos für Bücher, Magazine und Zeitungen. Auftraggeber war unter anderem die amerikanische Besatzungsmacht, die ihren Soldaten einen Bildband als Souvenir anbot – romantisches Deutschland war auch bei den siegreichen Soldaten gefragt. 1945 erkrankte Paul Wolff und übernahm bis zu seinem Tod 1951 nur noch kleinere Aufträge.

Mit dem beginnenden wirtschaftlichen Aufschwung knüpfte Alfred Tritschler sehr rasch an den guten Ruf der Agentur an, was Firmen- und Industriefotografie betraf. Nach der Währungsreform 1948 begann die erfolgreichste Phase seiner Arbeit.

Ein Auftrag ragt dabei besonders heraus. Schon in den 1930er-Jahren hatte sich die Agentur mit den Opelwerken in Rüsselsheim beschäftigt. Es entstand ein erfolgreiches Buch, das 1940 unter dem zeittypischen Titel *Im Kraftfeld von Rüsselsheim* erschien. Als nach dem Krieg der Volkswagen zu laufen begann, holte man Tritschler nach Wolfsburg, um das Auto und das Werk zu fotografieren. Sein Band *Kleiner Wagen in großer Fahrt* von 1949 wurde auch international ein großer Erfolg.

Das wohl wichtigste Arbeitsfeld der Agentur nach 1946 war aber Nordrhein-Westfalen. Aus kaum einer anderen Region der Westzonen, auf die sich die Fotografen jetzt beschränken mussten, kamen so viele Anfragen wie aus diesem neuen Land. Hier begann der Wirtschaftsaufschwung nach dem Krieg besonders früh. Die großen Unternehmen entdeckten sehr rasch die Notwendigkeit, ihre Arbeit für die Werbung oder Festschriften zu dokumentieren. Die Bildsprache von Wolff und Tritschler war nach wie vor gefragt, stärker vielleicht noch als vor dem Krieg. Wer immer sich jetzt mit Fotos als modernes Unternehmen präsentieren wollte, holte die Fotografen der Agentur zu sich in die Firma.

Bei der Arbeit für ein schönes Bild des Eschweiler Bergwerks-Vereins:
Alfred Tritschler fotografiert in der Siedlung in Herzogenrath-Merkstein, 1958.

Das neue Land im Westen

Dass Nordrhein-Westfalen eine Erfolgsgeschichte werden würde, war nicht abzusehen. Die Städte lagen in Trümmern, die Wirtschaftskraft des Ruhrgebiets war zerstört, auch der ländliche Raum litt unter Entbehrungen. Die britische Besatzungsmacht bildete im Frühjahr 1946 aus dem nördlichen Teil der preußischen Rheinprovinz und aus der Provinz Westfalen per Anordnung das neue Land Nordrhein-Westfalen mit der Hauptstadt Düsseldorf.

Der Zuschnitt und der Charakter des neuen Landes waren im Frühsommer 1946 hochpolitische Fragen, zu denen es sehr unterschiedliche Auffassungen gab. Frankreich bemühte sich, Zugriff auf den nördlichen Teil der Rheinprovinz und die Ruhr zu gewinnen. Nach der traumatischen deutschen Besatzungszeit ging es der Regierung in Paris darum, ein schwaches und zersplittertes Deutschland zu etablieren. Ein selbstständiger Pufferstaat entlang des Rheins gehörte zu diesen Überlegungen, aber auch eine Dreiteilung des Raums, der später Nordrhein-Westfalen werden sollte, in drei kleine Länder, Rheinland, Ruhrgebiet und Westfalen.

Schon bei der Aufteilung Deutschlands in Besatzungszonen versuchte Charles de Gaulle, die Grenze nicht südlich von Bonn zu ziehen, sondern auch Köln und den Niederrhein für seine Zone zu gewinnen. Vergeblich. Die Briten und die Amerikaner waren den Franzosen schon dahingehend entgegengekommen, dass sie überhaupt eine eigene Zone bekamen. Franzosen wie Sowjets versuchten, Einfluss auf das Ruhrgebiet zu gewinnen, um eine neue Aufrüstung zu verhindern. Die Briten hingegen plagten ganz andere Sorgen. Ihnen war nach dem ersten Nachkriegswinter klar geworden, wie sehr die Besatzung Deutschlands ihr eigenes Land belasten würde. Mehr Selbstständigkeit für die Besatzungszone war auch deshalb dringend geboten, weil der Westen Deutschlands für einen wirtschaftlichen Wiederaufstieg Europas gebraucht wurde.

Großbritannien ging daher schnell über die Vorstellungen der anderen Siegermächte hinweg und schloss die Gebiete in der „Operation Marriage“ kurzerhand zusammen. Die beiden Staaten Lippe sollten sich entscheiden, ob sie zu Niedersachsen oder zu Nordrhein-Westfalen gehören wollten. 1947 fusionierte Lippe-Detmold mit Nordrhein-Westfalen, während Schaumburg-Lippe an Niedersachsen ging.

Deutsche Politiker hatten sich vorher mit Gutachten und Denkschriften an der Debatte beteiligt. SPD-Chef Kurt Schumacher lehnte das „Preußen im Westen“ grundsätzlich ab. Konrad Adenauer hingegen fand die Idee richtig. Die Briten wollten schnell ein handlungsfähiges Land, und dafür war es klug, sich auf bestehende Verwaltungen und Strukturen zu stützen. Außerdem strebten sie ausgewogene soziale und politische Verhältnisse an. Das konservative Westfalen mit seiner Landwirtschaft war in der Lage, die Städte an Rhein und Ruhr mit Lebensmitteln zu versorgen. Man prognostizierte zutreffend, dass die CDU in diesem neuen Land eine knappe Mehrheit haben würde, was die latenten sozialistischen und kommunistischen Strömungen im Zaum halten konnte. Schumacher war auch wegen dieser Perspektive für die Christdemokraten gegen diesen Zuschnitt, musste sich jedoch fügen. Auch das Argument, hier entstehe eine Art neues Preußen, weil Nordrhein-

< Zerstörungen am Aachener Dom 1946 oder 1947. Eines der eher seltenen nicht inszenierten Bilder der Agentur.

Wiederaufbau in der Kölner Altstadt südlich des Doms 1953.

Wiederaufbau in Düsseldorf im Frühjahr 1950.

Bauarbeiter auf einem Haus an der Graf-Adolf-Straße in Düsseldorf vor zerstörten Gebäuden, 1950.

Westfalen mit seiner zahlreichen Bevölkerung und seiner wirtschaftlichen Potenz viel zu stark war, schreckte die Briten nicht. Widerspruch gab es nur aus Westfalen, wo viele auf eine eigenständige Entwicklung der Provinz gehofft hatten.

Zentrale Grundlage der Entscheidung war jedoch die wirtschaftliche Struktur der Region, wie sie seit dem 19. Jahrhundert gewachsen war. Die Zukunft des rheinisch-westfälischen Industriegebiets dominierte alle Überlegungen. Man wollte ein staatliches Dach über einem starken Wirtschaftsraum, der schon vor dem Krieg eng zusammengehörte. Das Ruhrgebiet war Teil des Rheinlandes und Teil Westfalens. Es gab gemeinsame Interessen bei der Infrastruktur, es gab starke übergreifende Verbände, Hochschulen, Banken und Verwaltungen. All das in zwei Länder aufzuteilen, wäre ein Rückschritt gewesen.

Die Geschichte zweier preußischer Provinzen aus der Frühzeit des 19. Jahrhunderts und viele zufällige Entwicklungslinien der Industrialisierung fügten sich zur Vorgeschichte eines neuen Bundeslandes. Nordrhein-Westfalens Wurzeln liegen nicht in einer landsmannschaftlichen Zusammengehörigkeit, nicht in der Sprache oder Geschichte, sondern in der Wirtschaft.

Wo Westfalen liegt Westfalen ist ein schillernder Begriff, auch wenn heute jeder eine Vorstellung hat, um welche Region es geht. Ursprünglich war Westfalen der westliche Teil des historischen Herzogtums Sachsen ohne eine klare Grenze. Es gab den niederrheinisch-westfälischen Reichskreis, der zwischen 1500 und 1803 Verteidigungsaufgaben im alten deutschen Reich übernahm und von der Nordseeküste bis an Ahr und Sieg reichte. Dort war dieser Name weiter lebendig. Das frühneuzeitliche Herzogtum mit der Hauptstadt Soest war weit kleiner als die spätere Provinz der Preußen. Erst im 19. Jahrhundert bildete sich so etwas wie eine moderne Westfalen-Identität aus. Die unterlag jedoch ein paar fundamentalen inhaltlichen Irrtümern, was ihre Wirksamkeit nicht schmälerte.

Auch der landsmannschaftliche Zusammenhang war nicht so eindeutig, wie sich das die Identitätsstifter in Westfalen vorstellten. Das Siegerland war eigentlich eher nach Süden in Richtung Neuwied, Nassau und Frankfurt orientiert und anders als die nördlichen Teile protestantisch. Das galt auch im Rest Westfalens. Die katholische Prägung, die man gern als Gemeinsamkeit der Region ins Feld führte, war nicht eindeutig, vielmehr waren die Strukturen je nach historischer Herrschaft gemischt, was sich mit dem Zustrom von Flüchtlingen nach 1945 noch einmal verstärkte.

In Münster und seinem Umland, in der Beamtenschaft und den bestimmenden Kreisen der Provinz sah man das freilich anders und wollte nach dem Krieg ein eigenständiges Land werden. Als sich Anfang 1946 abzeichnete, dass diese Frage virulent werden könnte, entstanden verschiedene Denkschriften, die sich über die Grenzen Westfalens Gedanken machten. Von westfälischer und vor allem von katholischer Seite wurde vorgebracht, dass einige Landkreise der Provinz Hannover zu Westfalen müssten, wollte man ein geschlossenes und lebensfähiges Land gründen. Das Oldenburger Münsterland um Vechta und Cloppenburg, die katholischen Kreise an der Ems, ja auch Osnabrück, gehör-

Leinen und Wäsche aus Bielefeld hatte einen hervorragenden Ruf. Nach dem Krieg knüpfte die Firma Dornbusch an diese Tradition an. Arbeiterinnen beim Bügeln 1950.

ten doch eigentlich zu Westfalen. Gewogene Volkskundler und Sprachforscher wussten das zu bestätigen.

Parallel machte man sich in Hannover Gedanken über ein Land Niedersachsen. Dessen erster Ministerpräsident Hinrich Wilhelm Kopf forderte dafür ein paar Landkreise, die doch eigentlich immer schon eher zu Hannover als zu Münster gehört hätten: Bielefeld, Tecklenburg, Herford, Lippe und natürlich Minden mit seinem Umland. Diese Debatten hatten schon Mitte der 1920er-Jahre begonnen, als es um die Reform des Föderalismus und eine neue Aufteilung Preußens ging. Die Diskussion um die richtige Grenze Westfalens zog sich weiter bis in die Verhandlungen des Parlamentarischen Rats, der von den Westalliierten den Auftrag bekommen hatte, die Ländergrenzen gegebenenfalls zu revidieren. Nahm man den Satz von der landsmannschaftlichen Verbundenheit ernst, gab es ein Argument für die Träume in den münsterschen Amtsstuben.

Doch die Besatzungsmächte blieben bei ihren Entscheidungen. Die Zeit des Streits um Räume und Grenzen, die man als Folge des imperialen Denkens bis in die Ebene von Bundesländern und Landkreisen führte, war offenbar zu Ende. Es blieb bei den Grenzen aus dem frühen 19. Jahrhundert. Westfalen war im neuen Land Nordrhein-Westfalen noch lange ein gewisser Unruheherd. Man fühlte sich zu kurz gekommen und der Chance beraubt, die eigene Identität in ein Staatswesen umzumünzen. De facto waren die Dinge in Westfalen aber höchst heterogen, es gab die ländlich knorrigen, heimatverbundenen Westfalen sicher irgendwo, aber ganz gewiss nicht in der gesamten Provinz. Die Kräfte eines einheitlichen Wirtschaftsraums waren bei Weitem wirksamer.

P
Nicht
Hupen

Pompöses Portal für eine selbstbewusste Stadt. Das Land- und Amtsgericht Düsseldorf im Frühjahr 1950.

Neue Hauptstadt Düsseldorf Das neue Land benötigte eine Hauptstadt und die hieß Düsseldorf. In den Debatten der Briten und der deutschen Stellen im Vorfeld der Landesgründung spielte die Frage nach dem Regierungssitz nur eine untergeordnete Rolle. Es lief auf Düsseldorf hinaus, obwohl eher Köln das kulturelle und wirtschaftliche Zentrum des Rheinlands war und Münster die Hauptstadt Westfalens. Für Düsseldorf sprach eine vergleichsweise geringe Kriegszerstörung und die Tradition der Stadt als „Schreibtisch des Ruhrgebiets" – an der Nahtstelle von Rheinland und Westfalen. Was außerdem kaum zu unterschätzen war: Im Düsseldorfer Stahlhof saß die Britische Militärregierung für den Nordrhein, die von hier aus schon wesentliche Teile des neuen Landes verwaltete. Das galt zwar in ähnlicher Weise auch für Münster, doch die Strahlkraft der westfälischen Universitätsstadt blieb deutlich hinter Düsseldorf zurück. Münster bekam später als Kompensation die obersten Landesgerichte und den Landschaftsverband Westfalen-Lippe. Aber das war 1946 noch Zukunftsmusik.

In den ersten Jahren interessierte sich Düsseldorf kaum für die neue Rolle als Hauptstadt und Zentrum der Landespolitik. Andere Dinge waren wichtiger. Dass es dennoch zu einer echten Metropole heranwuchs, die mit ihrem kulturellen, gesellschaftlichen und wirtschaftlichen Leben in der ersten Liga der europäischen Großstädte mitspielte, lag an der großen Politik, dem Kalten Krieg und der deutschen Teilung. Die halfen Düsseldorf ganz nach vorne.

Es gab zwar eine Tradition als Hauptstadt, die aber mindestens verschüttet war, als die Entscheidung fiel. Einst war hier der Residenz- und Regierungssitz des Herzogtums Jülich-Berg, auch die Pfalz war von Düsseldorf aus gesteuert worden, aber das war lange her. Die moderne Entwicklung der Stadt begann erst 1814 mit den Preußen. Zwar war Koblenz die Hauptstadt der Rheinprovinz, aber im Düsseldorfer Ständehaus tagte der Provinziallandtag, und der Landeshauptmann hatte seinen Sitz in der Villa Horion, gleich neben dem später erbauten Mannesmann-Gebäude am Rheinufer. In den Jahren des Nationalsozialismus war Düsseldorf Verwaltungszentrum, vor allem aber die Hauptstadt eines NS-Gaus. Gauleiter Friedrich Karl Florian residierte im Schloss Jägerhof, bis ein Bombenangriff das Gebäude 1943 in Schutt und Asche legte. Ehrgeizige Pläne für den Ausbau zur Gauhauptstadt „des schaffenden Volkes" mit einem Straßenkreuz mit Zentrum im Hofgarten, gewaltigen Verwaltungsbauten und nationalsozialistischer Gedenkhalle blieben unvollendet.

Wo also anknüpfen, nachdem Oberbürgermeister Karl Arnold eher beiläufig erfahren hatte, was auf die teilzerstörte Stadt zukommen würde? Die ersten Sitzungen des ernannten Landtags fanden im Kino- und Theatersaal der Henkel-Werke statt. Der musste abends wieder frei sein, weil dann die Soldaten der Besatzungsmacht Filme sehen wollten. Also galt es, das zerstörte Ständehaus wieder herzurichten. Den Auftrag bekam Hans Schwippert, der die Ruine von 1947 bis 1949 notdürftig zum Parlamentsgebäude umbaute. Es bekam ein neues Stockwerk, in dem das Landtagsrestaurant Gäste empfing. Schwipperts zweiter Parlamentsbau entstand später in Bonn, wo er ab Herbst 1948

Gerüstbauer bei der Arbeit
in Düsseldorf im April 1950.

die Pädagogische Akademie zum Bundeshaus erweiterte und einen Saal für den neuen Bundestag schuf, dessen Transparenz und demonstrative Offenheit bis in den Reichstagsumbau nach der Vereinigung weiterwirkten. Der Anfang lag in Düsseldorf.

Der Ministerpräsident und seine Staatskanzlei zogen in den sogenannten Behrensbau am Rheinufer. Dort tagte das Kabinett. Das imposante Haus war als Verwaltungsgebäude des Stahlkonzerns Mannesmann errichtet worden. Die neuen Ministerien verteilten sich auf freie Räume in der Stadt. Platz zu finden war schwierig, denn die Besatzungsmacht beanspruchte viel Raum, der wegen der Zerstörungen kaum zur Verfügung stand. Nach der Währungsreform begann der Aufschwung in Düsseldorf mit Macht. Für den Bau eines Regierungsviertels, für die Repräsentation des neuen Landes fehlten das Geld, die Zeit und wohl auch der Geist. Es ging darum, die Menschen satt zu bekommen, ihnen Wohnungen zur Verfügung zu stellen, Arbeit zu schaffen. Sparsamkeit und demonstrative Bescheidenheit waren wichtig.

Auf dem Weg zur internationalen Metropole Weil die alte Hauptstadt Berlin immer mehr hinter dem Eisernen Vorhang verschwand, siedelten Firmenzentralen von dort um, Banken suchten neue Standorte, und ganze Branchen wechselten an sichere Orte: zum Beispiel in das aufstrebende Düsseldorf. Die Kunstakademie zog junge Menschen an. In den Resten der Altstadt begann das Leben in den Kneipen und Restaurants, die Theater füllten sich. Als 1947 Gustav Gründgens aus Berlin nach Düsseldorf kam, um Generalintendant der Städtischen Bühnen zu werden, war das Bürgertum begeistert.

Auch der Modebranche fehlte nach dem Ausfall Berlins ein Zentrum. Den Grauschleier des Krieges durch Charme und Chic vergessen zu machen, schrieb sich die Modemesse der „Interessengemeinschaft Damenoberbekleidung" (Igedo) auf die Fahnen. 1949 fanden erstmals eine sensationelle Modenschau auf der teilweise zerstörten Königsallee und die erste „Igedo" auf dem Messegelände des Ehrenhofs statt. Düsseldorf war wieder da. Schon seit 1927 gab es einen Flughafen mit zunächst regionaler Bedeutung. Nach dem Krieg und dem Ende der rein militärischen Nutzung begann 1949 die zivile Luftfahrt. Jetzt kam man leichter nach Düsseldorf als nach Berlin.

Die Stadt war schon seit der Weimarer Republik ehrgeizig und arbeitete mit hohem Engagement an ihrer überregionalen Bedeutung. Das Messegelände mit den Rheinterrassen gab es seit den 1920er-Jahren. Die Ära der großen Ausstellungen begann 1926 mit der „Gesolei". Die Abkürzung stand für die damals modernen Themen „Gesundheitspflege, soziale Fürsorge und Leibesübungen" und zog von Mai bis Oktober 7,5 Millionen Besucher an. Dieser Ehrgeiz wirkte nach dem Beginn der Diktatur fort. In der Golzheimer Heide entstand ein neues Messegelände samt Mustersiedlungen für Arbeiter und Ausstellungshallen. Mit der Schau „Neues deutsches Wohnen, neues deutsches Arbeiten und neue deutsche Kunst" feierte die NSDAP sich und ihre vermeintlichen Errungenschaften.

Nach dem Krieg wollte man zwar nicht an diese Tradition anknüpfen, doch hatte man Erfahrung mit Großprojekten und blieb ambitioniert – schon um sich von der ewigen

Amerikanisierung nannten es die Zeitgenossen: Die Zahl der Autos wuchs, und die Leuchtreklamen eroberten die Städte. Die Düsseldorfer Hüttenstraße in den 1950er-Jahren.

Konkurrentin Köln abzusetzen. Die Gäste der Messen, die Besucher der Theater und die Kunden der Geschäfte kamen aus der gesamten Region und belebten die Stadt. Sie wollten feiern, tanzen, unterhalten werden, gut essen und trinken und schöne Kleider kaufen. Den Krieg, die Armut und den Hunger, die politischen Bedrückungen und alle Fragen der eigenen Verantwortung oder Schuld konnte man hier vergessen. Düsseldorf gelang es als einer der ersten deutschen Großstädte, nach 1945 wieder Glanz zu verbreiten und etwas Luxus auszustrahlen. Die Königsallee wandelte sich zur Traumkulisse der Wirtschaftswunderjahre. Hier war das Leben wieder schön.

Düsseldorf wird Autostadt 1949 bekam Düsseldorf den Zuschlag für das Unternehmen DKW, das aus Sachsen in den Westen abgewandert war. Produziert wurde in den ehemaligen Werkhallen von Rheinmetall zwischen Derendorf und Rath am Düsseldorfer Stadtrand. DKW hatte nach der Enteignung durch die Sowjets und der folgenden Verstaatlichung in Ingolstadt Wurzeln geschlagen. Die Markenrechte, Patente und das Know-how hatten die vertriebenen Arbeiter und Ingenieure mitgenommen. Düsseldorf bewarb sich 1949 um die DKW-Produktion – mit Erfolg. Ab Mitte 1950 arbeiteten mehr als 1000 Menschen in der neuen Fabrik, die vor allem das Modell F 89 Meisterklasse produzieren sollte. Es kostete damals rund 5800 Mark – ein stolzer Preis, der erst langsam und mit den steigenden

Löhnen für jedermann erschwinglich wurde. Das Werk wuchs auf bis zu 4000 Mitarbeiter, brachte neue Typen auf den Markt und konnte doch letztlich im Wettbewerb gegen VW nicht bestehen.

Autos brauchen Straßen, und dass es davon in den Städten zu viele schmale, verwinkelte und schlecht ausgebaute gab, wusste man auch in Düsseldorf schon lange. Bereits in den 1920er-Jahren hatten sich die Stadtplaner mit der Frage beschäftigt, wie man die Düsseldorfer Altstadtquartiere besser erschließen könnte und wie sich Platz schaffen ließe für eine schnelle Anfahrt zu den Arbeitsplätzen im Zentrum. Man kam auf Schneisen in Nord-Süd-Richtung, die Durchbrüche und damit den Abriss ganzer Stadtquartiere nötig gemacht hätten. In der NS-Zeit tauchten diese Ideen in der Planung der Gau-Hauptstadt wieder auf – zugeschnitten auf die gigantischen Repräsentationsbedürfnisse der Machthaber. Nichts davon wurde jedoch umgesetzt.

Doch 1945 waren diese Pläne nicht vergessen. Im Gegenteil. Sie bekamen eine neue Bedeutung, weil die Kriegszerstörungen ihre Verwirklichung vereinfachte. Zwar verschwanden die Aufmarschplätze und pompösen Repräsentationsbauten aus den Entwürfen, doch die „autogerechte Stadt“ blieb Leitbild des städtebaulichen Neubeginns. Diese Idee prägte Düsseldorf stärker als Köln und mündete in der neuen Landeshauptstadt in einen veritablen Streit um NS-Seilschaften im städtischen Bau- und Planungsamt.

Es ging um die Frage, wie sehr Menschen, die allesamt aus dem direkten Umfeld des NS-Rüstungsministers Albert Speer kamen, ihre Vorstellungen gegen moderne Architekturauffassungen durchsetzen konnten. Letztlich entwickelte sich Düsseldorf mit Bauten wie dem bis heute ikonischen Dreischeibenhaus zwar zu einer Stadt, die mit ihrer fortschrittlichen Architektur der Nachkriegsmoderne international Maßstäbe setzte, doch dem gingen heftige Auseinandersetzungen voraus.

Streit über den Wiederaufbau Albert Speer war beim Nürnberger Kriegsverbrecherprozess 1946 nur knapp dem Galgen entkommen und saß in Spandau ein. Mitarbeiter aus seinem Stab und anderen Dienststellen waren jedoch nach oberflächlicher Entnazifizierung gefragte Bauexperten. 1948 übernahm Friedrich Tamms die Stadtplanung in Düsseldorf und prägte sie bis weit in die 1970er-Jahre. Er war ein Studienfreund Speers, der aber offenbar nie der NSDAP beitrat. 1952 machte er seinen ehemaligen Kollegen Julius Schulte-Frohlinde zum Leiter des Hochbauamts in Düsseldorf. Dieser war als Bauleiter der DAF hervorgetreten und hatte unter anderem NS-Ordensburgen gebaut. Der Düsseldorfer Architektenstreit entzündete sich 1952, als die Kämmerei und die Stadtkasse am Markt neu gebaut werden sollten, als Auftakt für einen umfassenden Rathausneubau in den Trümmern der Altstadt. Friedrich Tamms gab Schulte-Frohlinde den Auftrag ohne Ausschreibung, aber mit dem Hinweis, der Bau solle sich in das historische Umfeld einfügen. Schulte-Frohlinde baute im Stil der sogenannten Heimatschutzarchitektur wuchtige Laubengänge, Natursteinelemente und Satteldächer. *Der Spiegel* urteilte damals, der Entwurf erinnere „fatal an die längst überwundene Architektur des ‚größten Baumeisters aller Zeiten‘“.

14
13
12

< Ein DKW, wie er auch im sächsischen Zwickau vom Band lief. Hier jedoch im neuen westdeutschen Werk in Düsseldorf mit dem Symbol der Autounion, den vier Rädern, die heute zu Audi gehören. Frühjahr 1950.

In Düsseldorf formierte sich der Widerstand im 1950 gegründeten Architektenring, dem es ein Dorn im Auge war, dass viele Großaufträge in der Stadt an Architekturgrößen des Nationalsozialismus gingen. Zudem gab es in weiten Teilen der Bevölkerung Unmut über den Umbau zur autogerechten Stadt, den Tamms vorantrieb. Breite Schneisen durch Wohnquartiere, die selbst im Krieg unbeschädigt geblieben waren, verärgerten die Menschen und zerstörten das historisch gewachsene Düsseldorf mit seinem zum Teil noch kleinstädtischen Charme.

Der Streit um das Nazi-Netzwerk im Stadtbauamt führte zu einem partiellen Kurswechsel in der Stadtplanung, auch wenn die handelnden Personen ihre Posten behielten. Eine Ost-West-Straßenachse wurde nicht umgesetzt. Dafür kamen zunehmend Architekten mit moderner Bauauffassung ins Rennen. Der Höhepunkt und das bis heute wohl markanteste Gebäude, das diesen Richtungswechsel markierte, war das sogenannte Dreischeibenhaus, das 1957 bis 1960 für den Thyssen-Stahlkonzern gebaut wurde: fast 100 Meter hoch, 26 Etagen, ein Stahlbetonskelett mit vorgehängter Fassade aus Stahl und Glas, mit mehr als 33 000 Quadratmetern Bürofläche, auch für Großraumnutzung, der Prototyp moderner Bürohausarchitektur in Deutschland.

Es ging also auch anders. Unmittelbar vor dem Dreischeibenhaus entstand als Symbol der autogerechten Stadt, aber in Düsseldorf durchaus populär, der „Tausendfüßler", eine Hochstraße, die sich mitten durch die Stadt zog.

Auch andere Projekte verfolgten moderne Konzepte. So orientierte sich der Architekt Hans Schwippert an westeuropäischen und amerikanischen Vorbildern. Er war politisch unverdächtig und baute nach dem Krieg nicht nur das Ständehaus wieder auf, sondern entwarf auch Kirchen, das Haus der Wissenschaften und das Hochhaus der Provinzialversicherung. Paul Schneider-Esleben ist ebenfalls zu nennen. Auf ihn geht das von 1951 bis 1956 gebaute Mannesmann-Hochhaus zurück, gleich neben dem Behrensbau. Es galt seinerzeit als konstruktiv modernstes Hochhaus Europas. Bis heute ikonisch ist auch die von ihm entworfene Haniel-Garage, ein 1950/51 errichtetes Parkhaus mit vorgehängter Glasfassade und außen liegenden Auffahrten. Auch mit Schneider-Esleben war Düsseldorf auf dem Weg zur Autostadt – nicht nur mit der Planung von Friedrich Tamms.

Düsseldorfs Wiederaufbau machte die Landeshauptstadt zu einem Ort der Nachkriegsmoderne. Ein Umweg führte in die demokratische Zukunft. Und wie prägte die Landesregierung ihre neue Hauptstadt? Für ein Regierungsviertel reichte es bis in die 1980er-Jahre einfach nicht. Friedrich Tamms dachte in einer ersten Wiederaufbauplanung daran, am heutigen Kennedydamm oder an der Berliner Allee Regierungsfunktionen zu bündeln. Doch der Wildwuchs war nicht zu lenken. Die wachsenden Ministerien suchten sich Räume, wo sie zur Verfügung standen, und verteilten sich über die Stadt. 1957 gab es neue Ideen, rund um das Parlament im Ständehaus und am Schwanenspiegel für die Landesregierung zu bauen. Auch das unterblieb. 1961 zog die Staatskanzlei ins Landeshaus und der Ministerpräsident in die Villa Horion. Scherzhaft nannte man das Gebäude „Mannesmanns Pförtnerhaus", weil es neben dem Hochhaus und der historischen Firmenzentrale doch etwas schmal wirkte.

Düsseldorf wird Finanzmetropole: die Neubauten der Bank für Gemeinwirtschaft und der Rhein-Ruhr-Bank an der Benrather Straße 1953.

In den 1960er-Jahren verfolgte Tamms den Plan, in Unterbilk an der Rampe der neuen Rheinkniebrücke Hochhäuser für das Land zu errichten: „Die Bürger des großen Landes müssen am städtebaulichen Erscheinungsbild ablesen können, wo die Landesregierung arbeitet und wie sie existiert." Das sei für die politische Selbstdarstellung und für die Entwicklung Düsseldorfs wichtig. Das war ein zutreffender Gedanke, der aber folgenlos blieb. Repräsentation und Sichtbarkeit waren den Landesregierungen, ganz gleich ob von CDU oder SPD geführt, letztlich nicht so wichtig.

Düsseldorf hängte dennoch konkurrierende Städte wie Essen, Dortmund und manchmal auch Köln ab. Die Landeshauptstadt entwickelte sich zu einem bedeutenden Bankenplatz, zum wichtigen Branchentreffpunkt bei Messen, zu einem Verkehrsdrehkreuz mit internationalem Flughafen, zum Standort großer Stahl-, Konsumgüter- und Maschinenbaukonzerne. Medien und Werbeagenturen siedelten sich an. Wer hierher reiste, erlebte eine weltoffene rheinische Metropole von beträchtlichem Wohlstand. Dass man Hauptstadt war, blieb ein Punkt unter vielen, nicht der entscheidende.

Wolff und Tritschler dokumentierten Düsseldorf in dieser Phase mit sehr vielen Aufträgen. Ein weit verbreitetes Buch, *Düsseldorf – Tochter Europas,* mit Aufnahmen Tritschlers, das 1951 erschien, warb für die neue Metropole. Es zeigt das Leben in der Altstadt mit den Kneipen und Restaurants, Messe, Theater, Kunstakademie, Schaufenster, die Königsallee und moderne Architektur; immer wieder auch die schönen Menschen, die sich in der Kulisse der lebensfrohen Stadt bewegten. Auch viele Unternehmen nutzten die Dienste der Agentur. Es fehlen jedoch Hinweise auf Düsseldorf als Hauptstadt. Nach 1945 boten politische Themen für die Fotografen offenbar keine Motive mehr. Es gibt aus der späten Phase der Agentur, den 1960er-Jahren, eine kleine, eher uninspirierte Serie, die Regierungsgebäude und das hochmoderne neue Theater in Bonn zeigt. Aus Düsseldorf sind solche Bilder nicht überliefert.

Markante Düsseldorfer Bauten der Nachkriegszeit: das Dreischeibenhaus und die Hochstraße, genannt Tausendfüßler, 1966.

Ikonisches Parkhaus:
die 1951 erbaute Hanielgarage
an der Grafenberger Allee.

3617 D

Der Traum vom Wirtschaftswunder: Schaufenster in der Königsallee (links) und in der Schadowstraße (oben) 1950.

Düsseldorf verbreitet wieder Glanz:
die Schadowstraße in den 1950er-Jahren.

Es geht langsam aufwärts: Düsseldorfer Straßenszenen
Anfang der 1950er-Jahre.

STOFFE
STOFFE
STOFFE
STOFFE

Vorsichtige Moderne im Hintergrund: Die Düsseldorfer Kunstakademie zeigt sich 1953 eher der Tradition verpflichtet. Immerhin mit Künstlerinnen bei der Arbeit.

Eine moderne Stadt für ein neues Land:
Straßenszene in Düsseldorf in den 1950er-Jahren.

Freizeitvergnügen in den 1950er-Jahren:
das Freibad am Rheinstadion.

Das erste Düsseldorfer Hochhaus
der Nachkriegszeit: Kinder vor dem
Verwaltungsgebäude der Provinzial-
Versicherung an der Friedrichstraße/
Ecke Fürstenwall 1953.

Radschlagen für die Touristen:
Kinder auf der Königsallee
im Frühjahr 1950.

Kellner einer Düsseldorfer
Altstadtkneipe im April 1950.

Wohl eine Zufallsaufnahme. Ordensschwestern
vor einem Kölner Straßencafé im Mai 1953.

<< Tanzcafé im Hotel Golzheim in Düsseldorf
zu Beginn der 1950er-Jahre. Kleiner Wohlstand
machte Freizeitvergnügen wieder möglich.

< Die Kölner Kirche St. Kunibert 1953,
noch mit erkennbaren Schäden aus dem Krieg.

Straßenmusiker auf dem Kölner Neumarkt im Mai 1953.

Polizist auf dem Rudolfplatz in Köln 1953.

> Die Bundesrepublik wird mobil und die Autobahn zivil: Die A42 von Duisburg in Richtung Bottrop im Sommer 1955 noch ohne Standstreifen.

Reisen mit dem Rad waren in den 1950er-Jahren sehr beliebt: zwei Jugendliche mit gepackten Rädern vor dem Dom-Panorama im Mai 1953.

Bottrop
BIELEFELD
P

Politik für ein neues Land

„Nordrhein-Westfalen will und wird das soziale Gewissen der Bundesrepublik sein." Wenn es einen Satz aus der Gründungsphase des Landes gibt, der über den Tag hinaus Bedeutung erlangte, dann war es dieser. Der gerade wiedergewählte Ministerpräsident Karl Arnold (CDU) setzte damit am 21. September 1950 in seiner Regierungserklärung das Leitmotiv der Politik in Nordrhein-Westfalen. Arnold selbst war gelernter Schuhmacher und in der katholischen Arbeiterbewegung groß geworden. Ihm ging es um die Überwindung des Kapitalismus und einen Sozialismus auf christlicher Grundlage.

Das brachte ihn in Gegnerschaft zu Konrad Adenauer, dem zweiten starken christdemokratischen Politiker aus Nordrhein-Westfalen. Als Arnold 1947 Ministerpräsident wurde, war Adenauer Fraktionsvorsitzender der CDU im neuen Landtag und Vorsitzender der CDU in der britischen Besatzungszone. Erst als Adenauer im September 1948 zum Präsidenten des Parlamentarischen Rats und ein Jahr später zum Bundeskanzler wurde, klärten sich die Machtverhältnisse endgültig – gegen Arnold. Es blieb bei einer lebenslangen Gegner-, ja Feindschaft zwischen den beiden führenden Christdemokraten.

Während der Ministerpräsident sich bemühte, seiner Idee von einem christlichen Sozialismus wenigstens in Nordrhein-Westfalen zum Durchbruch zu verhelfen, bekriegte Adenauer seinen Gegner, um ihn aus dem Amt zu drängen. Der Kanzler behandelte Arnold mit Herablassung, spottete über seine Regierung und ließ ihn immer wieder auflaufen. Der Streit wurde mit erlaubten und mit unfairen Mitteln geführt. Gerüchte über Arnolds Privatleben machten die Runde, Konkurrenten wurden gefördert, und man nahm indirekt Einfluss. Arnold wird sich in seiner Position kaum je sicher gefühlt haben. An Selbstbewusstsein fehlte es ihm jedoch nicht. Nordrhein-Westfalen war von Beginn an ein starkes Land, das stärkste in der jungen Bundesrepublik. Das war Arnold völlig klar.

Er verfocht seine politischen Ziele, war letztlich jedoch sehr pragmatisch und setzte kluge Akzente. Dass Bonn und damit eine Stadt in seinem Land Regierungssitz, Hauptstadt des neuen westdeutschen Staates wurde, war mehr ihm und seiner gerade erst etablierten Landesregierung zu verdanken als Adenauer. Der Chef der nordrhein-westfälischen Staatskanzlei, Hermann Wandersleb, brachte 1948 die Pädagogische Akademie am Stadtrand von Bonn als Tagungsort des Parlamentarischen Rats ins Gespräch. Und Arnold setzte diese Idee im Rat der Ministerpräsidenten durch. Deshalb entstand das Grundgesetz in Bonn.

Das Land organisierte, orchestrierte und finanzierte auch eine geschickte Kampagne, um Mehrheiten für Bonn als Hauptstadt zu gewinnen und das eigentlich gesetzte Frankfurt auszubooten. Am Ende mit Erfolg. Unter Arnolds und Wanderslebs Führung baute die Regierung aus den chaotischen Resten des NS-Staates eine funktionierende Verwaltung in Nordrhein-Westfalen auf. 1955 gelang es dem Ministerpräsidenten, aus dem in Hamburg beheimateten öffentlich-rechtlichen Nordwestdeutschen Rundfunk (NWDR) den Westdeutschen Rundfunk (WDR) herauszulösen und zur Stimme für das neue Land zu machen.

Über allem stand jedoch die soziale Frage. Die Städte waren nach ungezählten Bombenangriffen weitgehend zerstört. Im Westen waren die letzten großen Schlachten des Weltkriegs geschlagen worden. Die Menschen hungerten, froren und starben in den kalten

Bergarbeiter des Eschweiler Bergwerks-Vereins in Alsdorf 1959.

Landwirtschaft behielt nach dem Hunger der Nachkriegsjahre seinen hohen gesellschaftlichen Wert: Kühe auf der Weide vor einem Bauernhof bei Aachen, 1959.

Wintern nach 1945 zu Tausenden. Arnold machte daraus – anders als Adenauer – eine Grundsatzfrage. Wie viele seiner Zeitgenossen war er der Meinung, dass es die wirtschaftlichen Machtverhältnisse waren, die zu diesem Desaster geführt hatten. Der herkömmliche Kapitalismus müsse überwunden werden. Das stand in fundamentalem Gegensatz zu Konrad Adenauer, der sich mit der Währungsreform im Juni 1948 endgültig auf das Konzept der Sozialen Marktwirtschaft festlegte und Arnolds Weg des christlichen Sozialismus für nicht mehrheitsfähig hielt.

Land der Hoffnung für Flüchtlinge Arnolds Satz vom sozialen Gewissen spiegelt die Situation in Nordrhein-Westfalen kurz nach Ende des Krieges wider. Er wollte eine andere Gesellschaft, eine andere Republik als Adenauer. Das schadete der CDU im Land bei Wahlen nicht, sondern etablierte den Gegensatz zwischen der Landes- und der Bundespolitik. Es blieb für Düsseldorfer Politiker nützlich, ja erfolgversprechend, anders als in Bonn zu regieren, gegenteilige Akzente zu setzen.

Die ersten Landesregierungen waren enorm fleißig und brachten viele Gesetze auf den Weg. Im Mittelpunkt standen immer wieder die Ernährung, der Wiederaufbau der zerstörten Infrastruktur, der Wohnungsbau und die Sicherung der Arbeitsplätze, vor allem in der Industrie. Die Stärke und der Zusammenhang der Wirtschaft im nördlichen Rheinland und in Westfalen waren ausschlaggebend für die Gründung des Landes gewesen. Die Wirtschaft blieb das zentrale Thema und damit auch die Arbeit: Die nordrhein-westfälische Gesellschaft gründete auf der Arbeit in großen Industriebetrieben, in Bergbau und Stahlwerken, in Banken, Versicherungen und Behörden. Das war im Ruhrgebiet und darüber hinaus wichtiger als Kirche, Konfession oder dörfliche Gemeinschaft.

Dieser Umstand wurde durch die zahlreichen Flüchtlinge in der Nachkriegszeit noch verstärkt: Millionen Menschen aus den ehemaligen Ostgebieten des Reichs waren vor allem in ländlichen Gebieten Bayerns, Schleswig-Holsteins und Niedersachsens angekommen. Dort hausten sie in Hühnerställen, auf Dachböden, in Waschküchen oder in der guten Stube der darüber wenig amüsierten Bauersfrau. Es fehlte an Arbeit und vor allem an Perspektiven. Qualifizierte Facharbeiter aus Schlesien oder den Sudetengebieten arbeiteten als Tagelöhner auf den Feldern.

Zuerst kehrten in Nordrhein-Westfalen Hunderttausende Menschen, die kriegsbedingt aufs Land geflohen oder verschickt worden waren, in ihre zerstörten Städte und Häuser zurück. Doch rasch stellte sich heraus, wie wichtig die Kohleförderung für den Wiederaufbau der Wirtschaft und die Versorgung der Menschen im zerstörten Deutschland war. In den Bergwerken fehlte es aber an qualifizierten Arbeitskräften, die man benötigte, weil die Anlagen veraltet waren und daher viel Personal erforderten.

Nordrhein-Westfalen wurde für die entwurzelten Menschen aus dem Osten und aus der beginnenden SED-Diktatur in der DDR zum Land der Hoffnung. Im Zuge vieler Umsiedlungsprogramme baute das Land Wohnungen, organisierte Arbeitsplätze und holte dann die Männer und später auch die Frauen und die Familien ins Land. Wer hier ankam, setzte sich nach Jahren in Lagern, Baracken und Nissenhütten in ein gemachtes Nest. Nordrhein-Westfalen machte es den neuen Bürgern leicht: Auch Einheimische waren oft erst seit einer oder zwei Generationen hier ansässig. Niemand musste sich zu einer großen Geschichte bekennen, niemand musste einen Dialekt sprechen oder einer bestimmten Kirche angehören. Das Land bemühte sich, mit Wohnungsbau, Schulen, sozialer Betreuung und vielfältiger Unterstützung den Neuanfang zu ermöglichen. Dabei halfen auch die Arbeitgeber mit. Das soziale Gewissen bekam hier eine ganz praktische Seite und machte Nordrhein-Westfalen zu einem gelobten Land für Flüchtlinge und Vertriebene des Krieges und der Nachkriegsjahre. Hier gab es materielle Sicherheit, Ruhe, Frieden und die Aussicht auf ein wenig Glück in ganz privatem Rahmen. Hier gab es Heimat.

Über allem schwebte zunächst das Risiko des Scheiterns. Die Siegermächte sahen die Besitz- und Machtverhältnisse vor allem in der Stahl- und Kohleindustrie als zentrale Ursache für den Aufstieg der NSDAP und den Krieg an. Sie wollten dieses Rüstungspotenzial zerschlagen oder zumindest unter ihre Kontrolle bringen. Außerdem forderten die vom Krieg und seinen Folgen ebenfalls hart getroffenen Staaten Reparationen in Form ganzer Industrieanlagen und Maschinenparks, die abgebaut und nach Frankreich oder Großbritannien auszuliefern waren.

Die Montanunion als Vorläufer der EU Im Oktober 1947 veröffentlichten die Besatzungsmächte eine Liste von rund 600 Unternehmen, die demontiert werden sollten, davon rund 300 in Nordrhein-Westfalen. Darunter waren klangvolle Namen wie Krupp,

Thyssen, Hoesch, Bayer oder Rheinmetall. Im Fokus standen Rüstungsbetriebe, Hochöfen, Stahlwerke und Raffinerien. Die deutsche Öffentlichkeit schäumte, die Gewerkschaften liefen Sturm, und der Volkszorn kanalisierte sich in Demonstrationen, Streiks, passivem Widerstand und sogar in Gewalttaten. Die Menschen waren ernsthaft verzweifelt, denn man nahm ihnen die Hoffnung auf eine Besserung der wirtschaftlichen Lage. Immerhin war die Arbeitslosigkeit – mit Ausnahme von Nordrhein-Westfalen – in Westdeutschland noch sehr hoch. Auch wunderten sich die Zeitgenossen, dass die Besatzungsmächte einerseits den Wiederaufbau mit dem Marshallplan förderten und andererseits Industrieanlagen abbauten.

Die Landesregierung stemmte sich dagegen. Gemeinsam mit Gewerkschaften, Arbeitgeberverbänden, Parteien und Unternehmen versuchten die Politiker, Entscheidungen in die Länge zu ziehen, denn ihnen war klar, dass die Zeit für sie spielte. Briten und Amerikaner verloren bald das Interesse, standen doch die Ergebnisse dieser Politik in keinem Verhältnis zu den wirtschaftlichen Zielen und den sozialen Unruhen, die sie verursachten. Außerdem benötigten Frankreich und Großbritannien die deutsche Industrie als Partner, um die eigene Wirtschaft wieder in Gang zu bringen. 1949 verschwand das Thema einfach von der Tagesordnung, als das Petersberger Abkommen zwischen der neuen Bundesrepublik und den westlichen Siegermächten die Demontagen formal beendete.

Die Frage, wer denn die Kontrolle über das nach wie vor enorme wirtschaftliche Potenzial des Ruhrgebiets haben würde, lag aber immer noch in der Luft. Seit April 1949 kontrollierte und begrenzte die Internationale Ruhrbehörde die Produktion von Kohle, Koks und Stahl. Karl Arnold formulierte als einer der Ersten eine mögliche Alternative: Könnte man nicht – über die europäischen Grenzen hinweg – die Erzvorkommen in Belgien und Nordfrankreich und die Stahlindustrie in Luxemburg mit der Kohle- und Stahlindustrie an der Ruhr verbinden und die wirtschaftlichen Entscheidungen gemeinsam treffen, mit Deutschland als gleichberechtigtem Partner in einer westeuropäischen Gemeinschaft? Die Idee der „Montanunion" setzte sich durch. 1952 nahm die Europäische Gemeinschaft für Kohle und Stahl ihre Arbeit auf, die letztlich zur Europäischen Union heutigen Zuschnitts führte.

Bei diesem Thema war Karl Arnold einmal mit Konrad Adenauer einer Meinung. Ansonsten scheiterte der Ministerpräsident mit seinen großen politischen Zielen. Eigentlich war die Entwicklung in Richtung Soziale Marktwirtschaft schon mit der Währungsreform im Juni 1948 abzusehen. Arnold arbeitete aber in Nordrhein-Westfalen unbeirrbar weiter an seinen Plänen, die Grundstoffindustrie zu verstaatlichen und Großgrundbesitz zu enteignen, um ihn an Bauern zu verteilen. Mehrfach scheiterte er an der britischen Besatzungsmacht, die diese Pläne nicht mehr unterstützte. Auch die Verfassungsgebung des Landes, die auf die Zeit nach Gründung der Bundesrepublik verschoben worden war, geriet 1950 wegen der Versuche, diese Ideen einzubringen, zu einem unerfreulichen, langwierigen und letztlich halbherzigen Projekt. Der Streit zwischen CDU, Zentrum und SPD über die konfessionellen Grundschulen lähmte die Debatten zusätzlich. So blieb von Arnolds kühner Idee am Ende nur der Satz vom sozialen Gewissen, das Nordrhein-Westfalen sein solle. Dieser Gedanke prägte die Politik aller seiner Nachfolger gleich welcher politischen Farbe. Er ist der Kern nordrhein-westfälischer Identität.

Das Ende der Nachkriegszeit Arnold und seine Regierungen kümmerten sich vor allem um die praktischen Probleme der Menschen und legten damit den Grundstein für Nordrhein-Westfalen. Niemand stellte mehr den Zuschnitt des Landes infrage, obwohl es weiter Reibereien zwischen den Landesteilen Rheinland und Westfalen gab. Der wirtschaftliche Erfolg Nordrhein-Westfalens überragte alle anderen Regionen Deutschlands. Und das Land wuchs: Von 12 Millionen Menschen 1939 auf 13,2 Millionen 1950 und schließlich auf 15,9 Millionen Ende der 1950er-Jahre. Die Arbeitslosenquote war deutlich niedriger als im Rest der Republik. Schon in den frühen 1950er-Jahren herrschte praktisch Vollbeschäftigung. Wer aus der DDR flüchten musste, fand in Nordrhein-Westfalen meist umgehend Arbeit. Ab Mitte der 1950er-Jahre warb Deutschland in Südeuropa und in der Türkei viele Arbeitskräfte für seine Industrie an, nicht zuletzt für die Unternehmen an Rhein und Ruhr.

Dass Arnold 1956 sein Amt verlor, verdankte er indirekt seinem Bonner Gegenspieler Adenauer. Als ruchbar wurde, dass die Bundesregierung an einem neuen Wahlrecht arbeitete, das zum Verschwinden der kleinen Parteien geführt hätte, verließ die FDP mitten in der Legislaturperiode die Regierungskoalition mit Arnolds CDU und ging ein Bündnis mit der SPD ein. Im Februar 1956 griff das erste Mal das konstruktive Misstrauensvotum der Verfassung, das zum Sturz Arnolds führte. Im größten Land der Bundesrepublik durfte die SPD nun beweisen, dass sie regieren konnte. Zwei Jahre hielt das Bündnis unter Fritz Steinhoff (SPD), dann stand die nächste Landtagswahl an. Karl Arnold trat wieder an, starb aber eine Woche vor der Abstimmung überraschend in Düsseldorf.

Für ihn sprang kurzfristig Franz Meyers ein, der Oberbürgermeister in Mönchengladbach und Innenminister in der Regierung Arnold gewesen war. Für Adenauer hatte er 1957 den erfolgreichen Wahlkampf mit dem Slogan „Keine Experimente" organisiert, der zu einer absoluten Mehrheit der CDU geführt hatte. In Nordrhein-Westfalen holte Meyers aus dem Stand ebenfalls eine absolute Mehrheit und kümmerte sich in seiner Amtszeit von 1958 bis 1966 um alles, was unter Arnold und Steinhoff liegen geblieben war: die Ausgestaltung der Hauptstadt, die Landesidentität samt Wappen und Orden, eine landeseigene Kunstsammlung und der Bau von Hochschulen.

In den wichtigsten Industrieregionen des Landes zeichnete sich schon Ende der 1950er-Jahre ein Strukturwandel ab: Die Nachkriegszeit mit ihrem anhaltenden Wirtschaftsaufschwung, mit Arbeitsplätzen für alle und stetigen Verbesserungen der sozialen Situation ging zunächst noch weiter, bekam jedoch Risse. Die ersten Zechen schlossen, Kohle und Stahl waren nicht mehr die Treiber der wirtschaftlichen Entwicklung. Die Textilindustrie war schon länger in der Krise. Die Zukunft gehörte den Dienstleistungen, und dafür brauchte es gut ausgebildete Menschen, die in eigenen Hochschulen lernten. Bielefeld, Bochum und Dortmund bekamen neue Universitäten. Es war der zweite Aufbruch des Landes nach dem Beginn 1946.

Arbeiten unter Tage in der Zeche Rheinpreußen
in Moers 1950 und 1951.

Mehlverpackung als Handarbeit: Arbeiterinnen in der Weizenmühle Plange in Düsseldorf im Frühjahr 1950.

Flaschenproduktion in der Gerresheimer Glashütte in Düsseldorf 1950.

Die Weberei Thiel in Burscheid-Hilgen
stellte Polsterstoffe her. Ein Bild von 1952.

Vorwerk & Sohn in Wuppertal profitierte vom Wachsen der Autoindustrie. Man war Spezialist für Bauteile aus Gummi. Ein Foto von 1951.

Die Kronprinz AG in Solingen
war spezialisiert auf Räder und Felgen,
1952 ein stark wachsendes Gewerbe.

Arbeiter mit Stahlbauteilen in der Gutehoffnungshütte
in Oberhausen 1953.

Röhren aus Nordrhein-Westfalen waren ein Exportschlager. Bilder aus den Rheinischen Röhrenwerken in Mülheim an der Ruhr 1952.

RHEINROHR

Mannesmann-Röhren hatten einen herausragenden Ruf.
Sie dienten auch für den Gastransport in Flaschen.
Hier ein Bild aus dem Düsseldorfer Werk 1952.

Stahlverarbeitung im Mannesmann-Röhrenwerk in Witten 1952.
Rauchen bei der Arbeit war noch erlaubt.

SAUERSTOFF

Die Kammgarnspinnerei in Düsseldorf beschäftigte viele Frauen.
Ein Foto von 1953.

<< Arbeiter der Mannesmann AG in Düsseldorf 1952
hinter ihrem Gesichtsschutz.

< Eine Arbeiterin im Labor der Carl Zangs AG
in Krefeld 1950.

< Carl Zangs in Krefeld baute Maschinen
für die Textilindustrie. Die Lehrlinge schickte
man 1950 nach der Schicht zum Waschen.

Laborarbeit war häufig in der Hand von Frauen. Hier ein Blick in die Räume
des Schokoladenherstellers Trumpf in Aachen 1957.

Kameras mit Federantrieb von
Robot aus Düsseldorf. Eine Arbeiterin
bei der Montage 1950.

Schorch in Mönchengladbach war Spezialist für Elektrobauteile und -anlagen. Arbeiter im Werk Rheydt 1952.

Für die Fotografen gut ausgeleuchtet: Pause bei der Mannesmann AG in Remscheid 1952. Im Hintergrund warnt ein Plakat vor Gleichgültigkeit bei der Arbeit.

Wer bin ICH?
ICH BIN MÄCHTIGER als alle Armeen der Erde.
ICH VERNICHTE mehr Güter als alle Bomben und Kanonen.
ICH TÖTE mehr Menschen als alle Kriege.
ICH VERSTÜMMLE Jahr für Jahr ungezählte Männer und Frauen.

Die Chemischen Werke Hüls in Marl legten auch 1957 schon Wert auf den Arbeitsschutz.

MIAG

Ein Arbeiter der Ruhrchemie in Oberhausen voll Düngerstaub.
Ein Bild von 1950.

Das Stickstoffwerk Hibernia in Wanne-Eickel produzierte
hier 1950 Grundstoffe für die Düngemittelproduktion.

Die Träume der Menschen

Als der Krieg zu Ende war, fehlte es den meisten Menschen in Nordrhein-Westfalen so ziemlich an allem, was es zum Leben braucht. Das begann beim Wohnen, ging beim Essen weiter und endete bei Hausrat und Kleidung noch lange nicht. Es fehlte auch an allem, was das Leben schöner macht: Kuchen und Weißbrot, ein buntes Kleid, eine Wohnung mit Heizung und Bad, gemütliche Möbel, vielleicht sogar ein eigenes Haus mit Garten, ein Auto und dann vielleicht noch eine Reise.

Diese Träume hatten nicht zuletzt Hunderttausende Familien von Vertriebenen und Flüchtlingen, die Nordrhein-Westfalen im Rahmen seiner Verpflichtungen aus Norddeutschland aufnahm. Ihre Integration war eine Erfolgsgeschichte, die auf einem ausgefeilten Ineinandergreifen von Politik und Wirtschaft beruhte. Man bot den neuen Landeskindern Arbeit, eine Wohnung, Schulen und Einkaufsmöglichkeiten. Das half auch der Wirtschaft, insbesondere dem Bergbau, der schon in den frühen 1950er-Jahren Probleme hatte, den Bedarf an Arbeitskräften zu decken.

Das galt nicht nur für das Ruhrgebiet, sondern auch für das Aachener Steinkohlerevier. Das führende Unternehmen war hier der Eschweiler Bergwerks-Verein (EBV), einer der größten Arbeitgeber in Nordrhein-Westfalen. Rund 24 000 Menschen standen Mitte der 1950er-Jahre auf der Lohnliste. Mit der zwischen 1938 und 1952 gebauten Grube Emil Mayrisch war ein hochmoderner Schacht in Betrieb. Die Qualität der Kohle war sehr gut. Dem Unternehmen gehörten 1800 Hektar Land, 21 Schächte, davon 13 fördernde, eine Kokerei, ein Röhrenwerk und gewaltige Gleis- und Verladeanlagen. Das Aachener Revier in Kohlscheid, Eschweiler, Alsdorf, Siersdorf, Mariadorf und Würselen war nicht so groß wie das an der Ruhr, doch profitierte man hier besonders vom gemeinsamen europäischen Markt für Kohle und Stahl, denn der EBV gehörte überwiegend zum Stahlkonzern Arbed. Das Luxemburger Unternehmen hielt schon seit den 1920er-Jahren 90 Prozent der Anteile, weil seine Hochöfen mit dem Koks aus Deutschland betrieben werden konnten. Die Montanunion erleichterte jetzt diesen Austausch.

Eine neue Heimat Der EBV bemühte sich um die vorhandenen und um neue Mitarbeiter. Werkshelferinnen, Sozialfürsorge und Kinderbetreuung unterstützten die Familien in schwierigen Lebenslagen. Wohnheime nahmen die unverheirateten Mitarbeiter auf und versorgten sie. Im Mittelpunkt stand jedoch Wohnraum: Rund 8000 Wohnungen baute der EBV zwischen 1945 und 1958. Es entstanden ganz neue Siedlungen und kleine Städte. Allein in Alsdorf-Ofden wurden 1000 neue Wohnungen gebaut, davon 500 Eigenheime, viele mit Garten. Es gab eine neue Schule, zwei Kindergärten, einen Turn- und Festsaal.

Das war klug geplant, denn die neuen Arbeitskräfte stammten oft aus dem Osten. Viele waren ländlicher Herkunft und mit Garten und Landarbeit vertraut. Der Bergbau zog viele Menschen an, die wenig Ausbildung mitbrachten, weil sie beispielsweise in Pommern oder Ostpreußen als Gutsarbeiter tätig gewesen waren oder in der DDR ihren Hof verloren hatten. Eigentum war für sie von herausragender Bedeutung, denn die entwurzelten Menschen träumten von einem Platz, an dem sie bleiben durften. Der Rückzug ins Private war ein Zug

Modernes Wohnen gleich neben der Kokerei und Zeche Anna in Alsdorf 1959.

Neue Heimat oder ödes Industrierevier? 1959 waren die Wohnungen des Bergwerks-Vereins sehr begehrt.

Ein Garten gehörte für die Menschen nach dem Krieg einfach dazu: keine Siedlung ohne Gemüseanbau wie hier in Herzogenrath-Merkstein 1960.

< Ein Spielplatz für Kinder zählte 1959 zur Grundausstattung einer modernen Gemeinde wie der Broicher Siedlung des Eschweiler Bergwerks-Vereins in Alsdorf.

der Zeit, und so eine moderne Siedlung war ein Sehnsuchtsort. Über die Wohnungen und Häuser band das Unternehmen die Mitarbeiter an sich, die sonst vielleicht in die chemische Industrie oder in die aufstrebenden Dienstleistungsbranchen abgewandert wären.

Als der Eschweiler Bergwerks-Verein 1958 sein 120-jähriges Bestehen feierte, nutzte er die Gelegenheit, um für sich und den Beruf des Bergmanns zu werben. Alfred Tritschler reiste nach Aachen und Umgebung, um das Unternehmen unter und über Tage, seine sozialen Einrichtungen, vor allem aber das beispiellose Wohnungsbau- und Eigentumsprogramm wirkungsvoll in Szene zu setzen. Das Jubiläumsbuch *Schwarzes Brot* zeigt ein „Grünes Revier" mit Schwimmbädern, Spiel- und Sportplätzen, quasi auf dem Land, aber doch mit allen Annehmlichkeiten einer Stadt. Fernseher, damals das erstrebte Konsumprodukt schlechthin, rückten unauffällig ins Bild. Unter den Bildern aus den Wohnheimen finden sich Aufnahmen, die dunkelhaarige junge Männer zeigen, die Spaghetti aus einem Topf fischen. Inzwischen verstärkten erste „Gastarbeiter" die Belegschaft. Der EBV warb auch mit einer Auszeichnung für die Werkssiedlung in Alsdorf-Zopp. Sie sei eine der schönsten bundesweit. Entstanden war sie bereits 1936 als Robert-Ley-Siedlung, 1949 war diese Siedlung erweitert worden. Die Menschen fühlten sich dort wohl.

Das von Tritschler gezeigte Idyll auf dem Lande zwischen den rauchenden Schloten und den Schachtanlagen war eine perfekte Inszenierung. Spielende Kinder, Sonntagnachmittag im Garten, blühende Blumen und sprießendes Gemüse. Dazu lächelnde Menschen und ein paar Alte, die auf einer Bank wie auf einem Dorfanger ihren Ruhestand zu genießen scheinen. Die Wirklichkeit war etwas prosaischer und von den Begleiterscheinungen des Bergbaus geprägt, denn der sauberen Wäsche auf der Leine im Garten der Eigenheime drohte nach wie vor der Ruß aus den Schloten. 1958 zeigten sich auch die ersten Anzeichen einer beginnenden Krise der Kohleförderung. Davon war in den Bildern jedoch nichts zu sehen. Nach 13 Jahren Aufschwung präsentierte sich der EBV als Arbeitgeber, der die Konsumwünsche seiner Mitarbeiter erreichbar machte. Das war wichtiger als jedes Wort von Feierschichten oder übervollen Halden.

Der Weg in die Konsumgesellschaft In erstaunlich kurzer Zeit besserten sich nach 1948 die Verhältnisse, die Träume von einem guten Leben schienen erreichbar, und die Menschen griffen zu und richteten sich ein. Die Bäume wuchsen jedoch nicht in den Himmel. Zwar war 1951 das Kaufkraftniveau des Jahres 1939 schon wieder erreicht, und zwischen 1950 und 1954 legte das Bruttoeinkommen um 40 Prozent zu. Doch verdiente der durchschnittliche Arbeitnehmer 1950 nur 212 Mark, 1963 waren es 489 Mark. Ausgaben mussten gut überlegt sein.

Das bundesdeutsche Konsumwunder begann in Nordrhein-Westfalen. Mit dem sogenannten Gelsenkirchener Barock wurde es sprichwörtlich. Ob die Zusammenhänge so stimmen, muss offenbleiben, aber in der Wahrnehmung vieler Menschen erreichte der Aufschwung als Erstes das Ruhrgebiet. Die Kohleförderung war existenziell notwendig, um das Überleben von Hunderttausenden zu sichern und die Industrie wenigstens auf kleiner Flamme wieder in Gang zu bringen. Die schwer arbeitenden Bergleute bekamen etwas besser zu essen als der Normalverbraucher, Kumpel bekamen leichter eine Wohnung und wurden auch besser bezahlt als die meisten.

Der zarte Wohlstand ließ sich in Wohnzimmern und Küchen beobachten: Statt moderner Bauhausmöbel stellten sich die Familien schwere Polstersessel in die Wohnung, pompöse Küchenbüfetts mit geschnitzten Verzierungen, runden Türen und polierten Wurzelholzfurnieren. Gemusterte Wollteppiche, stoffbespannte Lampenschirme mit Quasten und Troddeln sowie Porzellan aus heimischer Produktion mit üppigem Dekor rundeten das Bild ab. Den Nierentisch und die Tütenlampe gab es auch, aber die meisten Menschen wollten zurück zur Gemütlichkeit alter Tage: „Wie Vorkriegsware" lautete das werbende Stichwort.

Industrie, die diesen Bedarf bedienen konnte, gab es im Land schon lange. Möbel bauten die Holzbetriebe in Ostwestfalen, um die Städte im Ruhrgebiet zu versorgen. Sägewerke und Fabriken deckten den Bedarf aus heimischer Produktion. Die Möbelhändler und Dekorationshandwerker begannen, sich mit Ware einzudecken, denn dass es eine gewaltige Nachfrage geben würde, lag auf der Hand. So hatte man zum Beispiel in Willy Ruhenstroths Wirus-Werken in Gütersloh 1855 mit der Produktion von Grubenholz begonnen. Seit den 1920er-Jahren konzentrierte man sich auf Furniere, Tischlerplatten und Türen. Ein sehr gutes Geschäft.

Doch bevor es um Möbel und Hausrat ging, mussten die Menschen satt werden. Die schwierige Versorgungslage verbesserte sich nach der Währungsreform 1948, plötzlich war wieder beinahe alles zu bekommen, was die Menschen lange vermisst hatten. In der Folge begann, was Beobachter damals die „Fresswelle" nannten. Ein Nachholbedarf bei gleichzeitig wachsender Versorgung – 1950 endeten die letzten Rationierungen von Lebensmitteln – machte die Menschen dick. Viel zu weite Kleider und Anzüge gehörten der Vergangenheit an. Oft spannte die Hose mehr, als der Stoff vertragen konnte.

Die Fotos der Agentur Dr. Paul Wolff & Tritschler sind ein beredtes Zeugnis dafür. So waren zum Beispiel Wurst- und Fleischwaren der Firma Heinrich Aldenhoven aus Gelsenkirchen gefragt, denn die Bergleute brauchten eine kalorienreiche und fetthaltige Kost. Bald

Wohnen, Arbeiten und Einkaufen an einem Ort. Herzogenrath-Kohlscheid wirbt 1958 für sein fast schon urbanes Angebot.

konnte sich das jeder leisten. Doch ging es nicht nur um die Menge. Mindestens so bedeutend war, wieder kaufen zu können, worauf man lange verzichten musste. Schokolade zum Beispiel. Als die Firma Trumpf in Aachen 1957 ihr 100-jähriges Bestehen feierte, gab sie eine Festschrift heraus, die Alfred Tritschler bebilderte. Aus einem kleinen Ladengeschäft war ein großes Unternehmen geworden, das unweit von Hamburg in Hafennähe eine Zweigniederlassung betrieb, das in Berlin schon vor dem Krieg ein Café führte und in alle Welt exportierte. Trumpf sah sich auch als Pionier neuer Werbemethoden. Aufnahmen zeigen moderne Gebäude, Transporter aufgereiht wie zur Fahrt in eine Schlacht und jede Menge Schokolode.

Nachholbedarf gab es auch bei Freizeit und Vergnügungen. Man war noch einmal davongekommen mit dem Leben, manchmal auch ohne Strafe für Verbrechen. Jahrelang hatte man in Kasernen, Baracken und Notunterkünften gelebt. Jahrelang war man für die Partei marschiert und hatte sich von der Politik drangsalieren lassen – so jedenfalls stellte sich das für viele im Rückblick dar. Jetzt wollte man sich private Freiheiten gönnen. Nicht nur Kino, Theater oder Kabarett florierten. Auch Tanzveranstaltungen, Bälle, Gesellschaften und Volksfeste zogen die Menschen an, die sich amüsieren wollten. Die Politik war nicht so wichtig. Das private Leben ging vor.

Ein bisschen Gelsenkirchener Barock, ein bisschen modern: Gemeinschaftsunterkunft für Arbeiter in Herzogenrath-Kohlscheid 1960.

Wäscheleinen mit sauberer Wäsche trotz schmutziger Industrie nebenan: So warb der Eschweiler Bergwerks-Verein um Frauen, die mit ihren Männern ins Aachener Revier kommen sollten.

Spaghetti in der Gemeinschaftsunterkunft in Kohlscheid 1960: Die „Gastarbeiter“ des Eschweiler Bergwerks-Vereins brachten ihre Esskultur mit.

Erschwinglicher Luxus: ein Röhrenradio in der Gemeinschaftsunterkunft für Bergleute in Kohlscheid 1960.

70

Blühende Rosen, spielende Kinder, das propere Eigenheim in der Broicher Siedlung in Alsdorf: Dieses 1959 inszenierte Idyll war reiner Kitsch, um für neue Bergleute zu werben.

Kleines Schauspiel für die Kamera: eine glückliche Rentnergemeinschaft 1957 in der Arbeitersiedlung an der Grube Laurweg in Herzogenrath-Kohlscheid.

Geschickter Bildaufbau: Kinder in der neuen Schule Alsdorf-Ofden kurz vor den Sommerferien 1958.

In der Bergarbeitersiedlung in Alsdorf steht unauffällig ein VW-Käfer vor der Tür, Zeichen für den Wohlstand, den sich jetzt auch ein Arbeiter leisten konnte. Ein Bild von 1958.

Naherholung neben Kohleschächten: Bewohner der Arbeitersiedlung an der Grube Laurweg in Herzogenrath-Kohlscheid 1957.

PALMOLIVE
RASIER-CREME
COLGATE
COLGATE
-.65

WESTKAUF
-.65
-.65
-.55
20

< Die Gemeinschaftsunterkunft des Eschweiler Bergwerks-Vereins in Herzogenrath-Kohlscheid verfügte über einen eigenen Laden. Offenbar stellt die 1960 fotografierte Szene dar, wie ein Italiener einkauft und man ihm mit den Händen zeigen muss, was das frische Obst kostet.

Endlich wieder schöne Kleider Doch was zieht man an, wenn das Leben wieder erwacht, Bälle, Tanznachmittage und Ausflüge auf der Tagesordnung stehen? Die umgearbeitete Uniformjacke? Das Kleid aus Fallschirmseide oder das vielfach geflickte Kostüm? Vielleicht doch die ergrauten und zerschlissenen Hemden und Blusen? Auf keinen Fall. In den Filmen der späten NS-Zeit und auch nach dem Krieg trugen die Stars natürlich schöne Kleider, elegante Schnitte und edle Stoffe in ansprechenden Farben. Die Stoffe waren heil, farbenfroh und gerne schwer. Der Nachholbedarf war gewaltig, und er erfasste die traditionsreiche und umfangreiche Textilindustrie des Landes. Der Konsum führte die Betriebe zu einer letzten Blüte.

Der Markt wuchs so stark, dass es keine Grenze nach oben zu geben schien. Die bodenständige Textilindustrie, der damit verbundene Handel und die Produktion der Maschinen waren im Rheinland und in Westfalen traditionell stark vertreten. Samt und Seide aus Krefeld, Bänder und Bordüren aus Wuppertal und Leinen aus Bielefeld waren seit Jahrzehnten feste Begriffe. Vor allem im ländlichen Münsterland nahe der niederländischen Grenze und in Ostwestfalen konzentrierten sich die Betriebe. Hinzu kamen die Maschinenbauer und Fabrikausrüster, die Näh- und Webmaschinen anboten, Färbereien ausstatteten oder Spinnereien versorgten. Beinahe die gesamte Wertschöpfungskette der Branche war in Nordrhein-Westfalen beheimatet. Sie war nach Kohle und Stahl die zweitgrößte im Land. Hier arbeiteten vorwiegend Frauen unter oft schlechten Bedingungen, denn der Preisdruck gepaart mit viel Handarbeit prägte die Arbeit von Beginn an.

Die Gebrüder Laurenz in Ochtrup waren ein ganz typischer Betrieb. Alfred Tritschler fotografierte dort 1952, 1954 und 1960. Zur Hundertjahrfeier 1954 erschien eine Festschrift, die das Unternehmen auf dem Zenit seiner Entwicklung zeigte. Den Nationalsozialismus mit seiner Rohstoffbewirtschaftung, der Reichskleiderkarte und den Krieg hatte man glimpflich überstanden. Tief verwurzelt in der Region und in der katholischen Lebenswelt, hatte man mit Zwangsarbeiterinnen gearbeitet, aber sich wenigstens um diese Menschen und ihre Kinder gekümmert. 1939 waren 2500 Menschen in zwei Werken in Ochtrup und Epe tätig. Man produzierte Schürzenstoffe und fertigte Kleidung. Das Unternehmen belieferte vor allem den Großhandel, weniger das Textilgeschäft um die Ecke.

Im Jahr 1954 hatte das Unternehmen fast 4000 Beschäftigte. Kleiderstoffe und Hemdenpopelin waren die Hauptprodukte. Im Krieg hatte man gelernt, mit Kunstfasern zu arbeiten, die Baumwolle ersetzt hatten. War man schon vor 1945 stark sozial engagiert und ließ sich in der NS-Zeit zum Beispiel für die Lehrlingsausbildung auszeichnen, blieb die soziale Verpflichtung auch nach dem Krieg wichtig. Die Firma baute Werkswohnungen für Ostvertriebene und betreute 500 Kinder in eigenen Tagesstätten und denen der Gemeinden.

So gut wie in diesen Jahren sollte es Laurenz nie wieder gehen. Das moderne, 1947 erbaute Fabrikgebäude von Architekt Dominikus Böhm war voll ausgelastet. In der Festschrift sinnierte der Autor über die Zukunft des Familienbetriebs. Die ersten 100 Jahre seien vorüber, die nächsten 100 stünden jetzt an. Doch zwölf Jahre später war das Unternehmen verkauft. 19 Jahre später verschwand es aus dem Handelsregister.

Produktpräsentation im Essener Unternehmen Johann Wilhelm Scheidt 1953.
Die Tuchfabriken der Familie Scheidt waren über Jahrhunderte ein Begriff.

Mit der gesamten Textilindustrie ging es ab Mitte der 1950er-Jahre rapide bergab. Kleider und Stoffe ließen sich in Italien, Osteuropa und Asien billiger produzieren. Arbeit in Deutschland wurde mit den steigenden Löhnen immer teurer. Wer sich als Firma nicht rechtzeitig spezialisierte oder ein besonderes Produkt hatte, verschwand vom Markt, ganz gleich, wie groß das Unternehmen auch gewesen war.

Die Wirus-Werke W. Ruhenstroth in Gütersloh gehörten zur Holzindustrie mit vielen Betrieben in Ostwestfalen. Man produzierte Furniere, Türen und Platten. Bilder von 1964.

Wurst aus Gelsenkirchen von der Firma Aldenhoven. Drei Arbeiter zeigen 1948 für Werbeaufnahmen, wie gut sie aussieht.

Die Großfleischerei Aldenhoven in Gelsenkirchen produzierte 1948 schon wieder erfolgreich, obwohl rundherum noch Hunger herrschte.

An den Maschinen arbeiteten meist Männer, in der Verpackung oft Frauen: die Schokoladenfabrik von Trumpf in Aachen 1956.

Das Kaufhaus erfüllt Wünsche Schöne Kleider gab es zum Beispiel im Kaufhaus Baltz in Bochum zu kaufen. 1952 feierte das Unternehmen sein 125-jähriges Bestehen. „Anstand und Gerechtigkeit" seien die Voraussetzung für den Erfolg, hieß es in der Festschrift. Baltz gab es in Bochum bereits, als dort noch kein Stahl produziert wurde. Ein heimischer Blaufärber hatte die Firma 1837 gegründet. Der Aufstieg begann mit dem Bergbau, denn Baltz lieferte Kleidung für die Bergleute. In drei Generationen wuchs das kleine Geschäft in der Innenstadt zu einem Kaufhaus heran. 1939, nach 102 Jahren, arbeiteten 750 Menschen für Baltz. Die damals jüngste Abteilung widmete sich der Konfektionsware für Damen.

Die Textilbewirtschaftung ab 1939 bedeutete einen tiefen Einschnitt für das Geschäft. Jetzt verkaufte man nicht mehr, sondern teilte zu. Im Juni 1943 zerstörte ein Bombenangriff das Kaufhaus. Bis zum Einmarsch der Amerikaner am 10. April 1945 folgten mehrere weitere Zerstörungen durch Bomben und am Ende die Plünderung der Vorräte im Chaos der letzten Kriegstage. Dennoch fing die Firma wieder an, enttrümmerte das Grundstück und baute das Haus neu auf, das zunächst allein in der weitgehend verödeten Bochumer Innenstadt stand. Am 3. November 1948 wurde das neue Kaufhaus wieder eröffnet. Zehntausende kamen, heißt es in der Festschrift. Vielleicht wollten nicht alle etwas kaufen, doch wollten sie zumindest schauen, was sich getan hatte, und freuten sich über diesen großen Schritt in Richtung Normalität. Baltz war ein guter Name und fester Bestandteil der Bochumer Geschäftswelt. Es machte Hoffnung, dass die Firma wieder da war. 1952 beschäftigte sie immerhin schon wieder 450 Menschen.

Was es im Kaufhaus nicht gab, das lieferten Bader, Neckermann, Otto oder Quelle. Die Kataloge waren weit verbreitet und beflügelten den Konsum der Nachkriegsjahre. Die Sommerkleider waren luftig, züchtig, bunt, weit, aber tailliert und von guter Qualität. Bei Quelle hießen sie Norderney, Rimini oder auch Misdroy – ein Badeort in Hinterpommern, der jetzt in Polen lag. Die Dirndl nannten sich Wendelstein oder Walsertal. Die Preise waren 1954 moderat: Schon ab 16,90 Mark waren die Sommerträume zu erstehen. Das Perlonkleid Paola in Lachsfarben kostete 58 Mark und war für jedes Fest die richtige Wahl. Die Herren trugen Hut und Krawatte, ein Sakko gab es für 50 bis 99 Mark.

Qualität war wichtig, denn die Kundinnen und Kunden hatten nicht viel Geld; ein Kleidungsstück musste lange halten. Das galt auch für Stoffe – viele Frauen nähten selbst –, Aenne Burdas Modehefte mit den neuesten Schnitten lagen immer bereit. Aber auch träumen durfte man dank Quelle-Katalog: Ein Hauszelt für vier bis fünf Personen gab es schon für 198 Mark, und die Luftmatratze schlug mit 31,50 Mark zu Buche. Der kleinen Reise an den nahen Stausee stand nur noch die Frage im Wege, was die Kasse hergab. 198 Mark waren ein halbes Monatseinkommen. Das überlegte sich eine Familie sicher zweimal.

Das Kaufhaus Baltz in Bochum bot den wieder wohlhabenden Nordrhein-Westfalen 1952 alles an, was Haus und Menschen schöner machte.

Schaufenster

Mitarbeiter des Kaufhauses Baltz in Bochum bei der Arbeit, ganz traditionell in der Schneiderei, bei der Dekoration von Schaufensterpuppen und im Verkauf. Januar 1952.

Rote
Aufspuldorne
Schwarze
Aufspuldorne
Weiße(gelbe)
Aufspuldorne

<< Die Werkhalle der Tuchfabrik von Karl Josef Otten in Mönchengladbach 1953.

< Lehrlingsausbildung bei den Gebrüdern Laurenz in Ochtrup 1952. Bis zur Farbe der Kopftücher sind alle Details aufeinander abgestimmt.

Eine Arbeiterin in der Weberei Thiel in Burscheid-Hilgen bei der Kontrolle von Polsterstoffen 1952.

Ein Arbeiter der TAG Textilausrüstungsgesellschaft Schroers in Krefeld 1952.

Goldenes Garn für glänzende Stoffe: in der Färberei von August Voss in Wuppertal 1952.

Zusammenstellung der Farben für die Produktion in der Teppichfabrik Anker der Gebrüder Schoeller in Düren 1952.

Arbeiter in der Produktion der Firma Hermann Windel in Bielefeld 1952.

Eine Erfolgsgeschichte in Bildern

Die Arbeit der Agentur Dr. Paul Wolff & Tritschler lief ab Mitte der 1960er-Jahre aus. Schon die Fotografien aus den 1950er-Jahren zeigen, dass sich der Geschmack der Kundschaft veränderte. Die Anforderungen an ein gutes Bild waren nicht mehr dieselben wie noch Anfang oder Mitte des Jahrzehnts. Die Gestalter der Bücher und Broschüren arbeiteten jetzt mit mehr Farbe. Die Grafik operierte mit freigestellten Motiven. Bilder waren nicht mehr einfach viereckig, sondern wurden Teil einer Gestaltung. Der perfekt inszenierte Blick in die Werkhalle oder ins Labor genügte nicht mehr. Auch Bilder von Chefbüros mit schweren Möbeln und Gemälden der Vorfahren waren nicht mehr gefragt. Die von Paul Wolff und Alfred Tritschler entwickelte Bildsprache begann, unmodern zu werden.

Das galt für die Stockfotos der Agentur schon lange: Der romantische Rhein war zwar immer noch ein Reiseziel, doch träumten die Menschen inzwischen von Italien und Frankreich. Die alten Städte waren zu einem großen Teil zerstört. Das vorhandene Material taugte noch für Heimwehbücher. Aber neue Aufnahmen und Buchprojekte gab es kaum, denn Trümmerlandschaften kamen bei Tritschler nur in Kombination mit luftigen Cafés, bunten Sonnenschirmen, reich bestückten Schaufenstern oder Neubauten vor. Letzte Reisen nach Bonn zeigen das Unvermögen der Agentur, eine neue, zeitgemäße Bildsprache zu finden. Das hochmoderne Theater von 1965, die neue Rheinbrücke, die schlanken Säulen vor dem neuen Postministerium – das sah gut aus, wärmte jedoch nicht mehr das Herz.

Eine Epoche der Fotografie ging zu Ende; etwas Neues hatte begonnen. Das Fernsehen trat seinen Siegeszug an und lief den Fotos den Rang ab. Den Zeitgeist zu prägen, das schaffte kein Fotograf mehr. Wer mit Fotografie die Menschen erreichen und bewegen wollte, musste sich ganz neue Dinge einfallen lassen. Magazine aus Hamburg oder München zeigten, wie das funktionierte.

Heute werden die Fotografien von Wolff und Tritschler wiederentdeckt, weil sie viel über Nordrhein-Westfalen aussagen. Das Land hat immer nach Ankerpunkten einer eigenen, übergreifenden Identität jenseits von Rheinland, Lippe und Westfalen gesucht. In diesen Bildern ist sie zu finden, denn keines der neuen Länder war nach 1946 wirtschaftlich so erfolgreich wie Nordrhein-Westfalen. Nirgends betrieb man eine so gut funktionierende Integrationspolitik, die vor allem auf Arbeit beruhte. Es war für die Menschen verhältnismäßig leicht, im neuen Land neu anzufangen.

Die Fotos zeigen Nordrhein-Westfalen ganz bei sich, voller Stolz auf lange Traditionen, die bis weit in die 1950er-Jahre noch trugen. Aber auch mit vielen erfolgreichen Ansätzen einer Modernisierung, die gleichzeitig die Wirtschaft und die Gesellschaft erfasste. Nordrhein-Westfalen gilt immer noch als Land von Kohle und Stahl. Aber die Verengung auf diese Branchen schiebt die Breite und die Vielfalt der Aufschwungserfahrung nach dem Krieg von der Bühne. Es gab Industrien der Chemie, des Maschinenbaus, für Lebensmittel und Holz. Es gab vor allem die Betriebe der Textilwirtschaft mit ihren unzähligen Arbeitsplätzen für Frauen. Vielleicht sind sie wichtiger für die kollektive Erfahrung eines Wirtschaftswunders als die vielen Männer in der Schwerindustrie. Vielleicht sind die Wohnungen des EBV das Zentrum einer neuen Heimatverbundenheit. Nordrhein-Westfalens Anfang lässt sich

Gerade frisch bezogen: der Neubau des Auswärtigen Amts in Bonn 1954 mit Diplomatenauto.

durch Industriearbeit definieren. Sie bestimmte den Takt, das Leben und die Mentalität der Gesellschaft, weit stärker vermutlich als in ländlich und traditionell geprägten Regionen der Republik. Die Bilder zeigen diese Gesellschaft und zeigen dieses Land. Sie entstanden meist für Unternehmen. Aber sie erzählen daneben noch eine andere Geschichte – die der Menschen, die mit allen Belastungen der Vergangenheit neu anfingen und ihr ganz persönliches Wirtschaftswunder gestalteten.

Junge Frau in der Deko-Abteilung des Kaufhof in Köln, ein Bild von 1960.

Apfelernte in Roisdorf bei Bonn, undatiertes Foto aus den 1950er Jahren.

Maßarbeit: Ein Schreiner in seiner Werkstatt in Aachen 1959.

Literatur

Manfred Heiting und Kristina Lemke: Dr. Paul Wolff & Alfred Tritschler. Die gedruckten Bilder 1906–2019 / The Printed Images 1906–2019, Göttingen 2021.
Hans-Michael Koetzle (Hg.): Dr. Paul Wolff & Tritschler. Licht und Schatten – Fotografien 1920 bis 1950, Heidelberg und Berlin 2019.
Kristina Lemke: Dr. Paul Wolff. Eine Fotografenkarriere in Zeiten der Weimarer Republik und des Nationalsozialismus, Diss. Marburg/Lahn 2022.
Gert von Klass: 125 Jahre Kaufhaus M. Baltz, Bochum. 1827–1952 (Festschrift), Darmstadt 1952.
Bierbaum-Proenen: Einhundertfünfzig Jahre Bierbaum-Proenen Köln, Köln 1938.
Helmut Alt und Alfred Tritschler: Schwarzes Brot. Dem Eschweiler Bergwerks-Verein zu seinem 120. Geburtstag, München 1958.
Heinrich Hauser und Alfred Tritschler: Düsseldorf, Tochter Europas, Düsseldorf 1951.
Heinrich Hauser: Im Kraftfeld von Rüsselsheim, München 1940.
Henkel & Cie: Henkel. Ein Werk wirtschaftlichen Schaffens und sozialer Verantwortung, Düsseldorf 1951.
I.G. Farbenindustrie: I.G. Farbenindustrie AG 1863–1938, München 1938.
Gebr. Laurenz Ochtrup: Hundert Jahre Gebr. Laurenz. 1854–1954. Werden und Wirken in hundert Jahren, Ochtrup 1954.
Heinz Todtmann und Alfred Tritschler: Kleiner Wagen in großer Fahrt. Ein Erlebnisbericht, Offenburg 1949.
Dr. Paul Wolff: Was ich bei den Olympischen Spielen 1936 sah, Berlin 1936.

Impressum

Alle Fotografien:
www.grevenarchivdigital.de |
Dr. Paul Wolff & Tritschler,
Historisches Bildarchiv
Die digitale Sicherung der Fotografien wurde vom Haus der Geschichte Nordrhein-Westfalen und der NRW-Stiftung unterstützt.
Lektorat: Wera Reusch, Köln
Gestaltung: QWER, Köln
Gesetzt aus PT Serif Pro, PT Sans, Trump Soft Pro
Lithografie: prepress, Köln
Papier: Magno Volume
Druck und Bindung: Passavia, Passau

ISBN 978-3-7743-0973-9

Neue Weyerstraße 1–3, 50676 Köln
info@greven-verlag.de

Detaillierte Informationen
über alle unsere Bücher finden Sie unter
www.greven-verlag.de

Titelbild: Kinder spielen 1959 in der Broicher Siedlung des Eschweiler Bergwerks-Vereins in Alsdorf.
Umschlagrückseite: Schaufenster in der Königsallee in Düsseldorf 1950.